挖掘内向优势

安静的闪光点

[日] 榎本博明 著
颜枭 译

中国科学技术出版社
·北京·

NANDEMONAI KOTO DE KOKORO GA TSUKARERU HITO NO TAME NO HON
KAKURE NAIKO TO TSUKIAU SHINRIGAKU by Hiroaki Enomoto
Copyright © 2021 by Hiroaki Enomoto
All rights reserved
Originally published in Japan by Nikkei Business Publications, Inc.
Simplified Chinese translation rights arranged with Nikkei Business Publications, Inc.
through Shanghai To-Asia Culture Co., Ltd.
北京市版权局著作权合同登记　图字：01-2022-0720。

图书在版编目（CIP）数据

挖掘内向优势：安静的闪光点 /（日）榎本博明著；
颜枭译 . — 北京：中国科学技术出版社，2023.1
ISBN 978-7-5046-9818-6

Ⅰ . ①挖… Ⅱ . ①榎… ②颜… Ⅲ . ①内倾性格—通俗读物 Ⅳ . ① B848.6-49

中国版本图书馆 CIP 数据核字（2022）第 199317 号

策划编辑	王碧玉
责任编辑	韩沫言
版式设计	蚂蚁设计
封面设计	马筱琨
责任校对	邓雪梅
责任印制	李晓霖

出　　版	中国科学技术出版社
发　　行	中国科学技术出版社有限公司发行部
地　　址	北京市海淀区中关村南大街 16 号
邮　　编	100081
发行电话	010-62173865
传　　真	010-62173081
网　　址	http://www.cspbooks.com.cn

开　　本	880mm×1230mm　1/32
字　　数	131 千字
印　　张	7.25
版　　次	2023 年 1 月第 1 版
印　　次	2023 年 1 月第 1 次印刷
印　　刷	北京盛通印刷股份有限公司
书　　号	ISBN 978-7-5046-9818-6/B・111
定　　价	59.00 元

（凡购买本社图书，如有缺页、倒页、脱页者，本社发行部负责调换）

序言

你内心的疲惫从何而来？

你有过这样的经历吗？下班后和同事们出去小酌一杯，这本是件令人分外开心的事，但不知为何就是觉得疲惫。

近来，居家办公的人越来越多，有些人会因为无法和同事常聚而倍感压力，但也有些人暗自庆幸不用勉强自己参加这样的社交聚会。

其实，不善于应付酒局、联谊会等人群聚集的社交场合，是一种普遍现象。在社交过程中你会发现，跟一些初次见面或是关系不熟的人在一起时常常会担心如何展开话题、有手足无措之感，而过多在意这些细节会让自己神经紧绷、疲惫不堪。

本以为和一些同事和知心好友出去聚餐，可以不用像和不熟悉的人在一起时那般拘谨，能够好好享受一下聚会时光。然而，当聚会结束，独自一人走在回家的路上时，却突然觉得筋疲力尽。分明度过了愉快的时光，自己却不知为何倍感疲倦。

和朋友一起旅行时，虽然很兴奋，能住在一个房间里一直聊天也很开心，但这种情况如果要持续好几天的话，也是件累人的事，回到家反倒松了口气。

当你晚上坐在回家的电车上，或是深夜独自躺在床上时，你会不会反思白天自己的一些言行："我有没有伤害到她？""她有没有觉得和我在一起时无聊透顶？""我会不会吓着她了？""其实我应该换一种更温和的说法"等。越反思就越是后悔，进而陷入一种自我厌恶的消极情绪之中。

而一旦陷入这种情绪，就会不停地自我怀疑：我是不是也被朋友这么小心对待了，难道自己是在人际交往中让人费心的类型？

你是否还会有这种感觉？

你和同事一起出差，明明不讨厌对方，甚至相处得很融洽，但当你想到一整天都得跟他一起行动时，心情还是会很沉重。

当初入职场、对工作还不熟悉的后辈犯了一些比较低级的错误时，作为前辈的你会觉得自己应该提醒他一下，但提醒时又不得不注意自己说话的方式，会担心"这种话是否会伤害到他"。在教育了他之后，也会偷偷注意"是否让他很伤心""他是不是很失落"等，明明只是稍微提醒了他一下，自己却心绪不宁。

序言

在公司的内部会议或家长会等需要大家讨论的场合上，即使觉得"我得说些什么""我必须要为会议做出点贡献"，结果还是什么都没说就结束了。其实并不是没有想法，但哪怕想提问，也很难抓住发言的好时机。一直处于这种纠结状态，虽然一言未发却也觉得心累。想了那么多却什么都没能说，便又开始厌恶起自己来。会认为"大家会不会觉得我对这场会议太不认真了？""会不会误会我没有一点想法？"……

这种心力交瘁感，其实和"内向型性格"是密不可分的。

有些人可能会觉得，"我并不是个不善言谈的人，我积极地和朋友相处，在公司的人际关系也不错。我应该不是个性格内向的人"。

但往往这种人最可能是"隐性内向"。在聚会时作为开心果哄大家开心的、乍一看十分开朗的人，或许正是那个你意想不到的"隐性内向"者。

这种情况下，不仅是周围的人，也许连他本人也不曾意识到自己原来是一个内向型性格的人。

实际上，在日本有很多这样的"隐性内向"者。

挖掘内向优势：安静的闪光点

内向型性格分为两种类型。一种是完全不在意他人眼光、我行我素、不迎合取悦他人的人，某种意义上来说，就是走自己的路让别人去说的类型。而另一种类型的人则做不到如此自我，他们会做一些讨好别人的事，努力融入周围的环境。但一味顾及他人感受而忽略自己，会让自己很累。

我把后一种类型称为"隐性内向"。

性格外向的孩子无论和谁都能积极交谈，不仅很快能交到新朋友，还容易得到老师的青睐。与之相比，畏畏缩缩的内向型孩子则很难交到朋友，也难以与老师亲密起来。

这时，能力强、动力足的内向型孩子，就会努力改变自己，会像外向型的孩子一样积极地与他人交往。这便是走向"隐性内向"的开始。

但是，性格是内向还是外向其实很大程度上是由遗传基因决定的，要想改变它不仅十分困难、还会让人筋疲力尽。

所以，有些人一方面觉得自己不可能是个内向的人，因为对于人际交往自己不仅不会逃避，甚至还会主动出击；但一方面又会毫无由来地因为一点小事感到心累。如果你也有这样的倾向，那应该就是"隐性内向"了。

在充分意识到自身内向的性格特征之后，你要注意一定不要过分勉强自己，要时刻注意疏解自身压力。除此之外还有更重要的事，那就是<u>了解内向型性格的魅力，并活用它</u>。

现代社会强调速度和效率，追求高行动力，但这些都有利于性格外向的人，内向的人容易因此心情萎靡。但<u>性格内向的人其实也有很大的优势</u>。

将内向的性格完全封闭起来未免也太可惜了。比如，因新冠肺炎疫情扩散，大家不得不居家办公时，一些活跃于人情社会的社交达人们，就像得了"新冠抑郁"一样，承受着巨大的压力。而疲于人际交往的性格内向的人，居家办公时不仅感受不到什么特殊压力，反而能从小心谨慎的社交中解放出来，更容易专注于工作本身，从而取得比平时更多的成果。

新冠肺炎疫情导致居家办公的人数剧增，办公的重心也转移到工作内容本身，这种情况，对于性格内向的人来说是利好消息。这时就更应该直面自身性格，充分发挥自己的优势。

话虽这么说，大家可能还是心存疑虑：内向型性格的优势到底在哪？

为了这些因一点小事就心力交瘁的"隐性内向"者们，接下来，我会详细解答内向者常见烦恼的产生原因及应对方法，

挖掘内向优势：安静的闪光点

让大家了解自身优势并能够在今后的工作与生活中加以利用。

请大家一边回想自己平时的状态与心情，一边来阅读以下的章节。

相信通过本书你们会对自己有更多的了解。

目录

第一章　你为何会因为一点小事就心力交瘁？　001

这种烦恼只有我才有？　003

常见烦恼1 **很难与他人一同行动**　004

明明是和熟悉的人在一起，却总想快点回家　004

很难适应每天都要一起吃午餐的习惯　005

"和别人在一起会觉得疲惫"这并不稀奇　006

大多数看似开心的人实则都很疲惫　007

常见烦恼2 **回顾一日言行时开始自我厌恶**　008

不停地后悔"那个不当言论"　008

瞻前顾后并不是件坏事　010

常见烦恼3 **难做决断，容易犹豫不决**　010

遇事难以当机立断，让周围的人着急　010

无法马上决断是忠于自我的证明　011

常见烦恼4 **抓不住会议与闲聊时的发言时机**　013

还在考虑发言是否偏离重点时，话题就已经转换　013

关键时刻无法展现自我　014

常见烦恼5 讨厌行为举止粗野的人　016

提心吊胆于他人肆无忌惮的言论　016

常见烦恼6 难以适应与他人共用房间与宿舍生活　018

即便是和亲近的人同住一间房,也很难睡着　018

无法适应学生宿舍与员工宿舍生活　020

常见烦恼7 长时间的对话令人疲惫不堪　021

长时间的会议与小组学习令人疲惫　021

比起团队讨论更喜欢独自钻研　022

在会议室中,比起议题更在意其他事物　023

常见烦恼8 总是对自己的失误耿耿于怀　025

犯错被指责了的话会非常在意　025

会讨厌那些犯了错误还不知悔改的人　026

常见烦恼9 因为工作与考试而倍感压力　028

不管做了多少准备都还是会紧张　028

考虑所有风险,被焦虑所支配　029

常见烦恼10 将对方的期待凌驾于自身意愿之上,让自己很累　031

做出不辜负别人期待的反应　031

无法开口批评下属与后辈　031

无法拒绝不想去的邀请　033

性格内向，但也试图回应对方期待　034

第二章　认识自己的内心　037

自我中心文化与关系文化　039

与人交谈时感到疲惫的理由　041

即便对方是同事、朋友，在交往中也仍然觉得疲惫　044

心思细腻的人多有社恐倾向？　046

社交恐惧感强烈与微弱的人　048

有强烈社交恐惧的人难与人产生"牵绊"？　050

荣格提出的心理外向型与内向型理论　052

外向型与内向型的检验测试　055

内向型人格的人为何容易疲惫？　058

自我意识强烈的人容易消耗内心能量　059

第三章　那份疲惫或是来自隐性内向？　063

隐性内向的人增加　065

酒局后陷入自我厌恶的消极情绪中　066

不想参加尽是初次见面人的酒局，

　　是"隐性内向"作祟？　067

你是会主动邀请别人一起玩耍的类型吗？　069

性格外向的人从小就容易受欢迎　070

这是幽默的孩子更受欢迎的时代　072

只因不善言谈，便低人一等？　074

为了获得成功，你必须表现得外向　076

因为性格内向而自卑　078

就因为独自吃饭被大家嘲笑落单？　080

社交软件助长"落单恐惧"之风　082

内向型的人会根据场合表现得判若两人　084

在聚会上活跃到引人侧目的人，

　　实际是性格内向的人？　085

现代社会轻视了内向型性格的价值　086

性格内向并不丢脸　088

第四章　具有高敏感型人格的人大多性格内向　091

为自己的异常敏感而烦恼的高敏感人士　093

每4个人中就有1个人从小就容易敏感　094

高敏感人士的四大心理特征　095

内向型与外向型的心理特征　096

性格内向的人与高敏感人士不为人知的强大力量　100

内向型与外向型的大脑功能差异　103

性格与遗传因素密切相关　104

日本人中性格敏感又社恐的人很多　106

第五章　内向型的常见烦恼与应对措施　109

场景1 会议上不敢大胆发言　111

应对措施　放轻松，想想"其实大家没那么在乎你"　113

场景2 调动工作及转换班级时，需要时间适应新环境　116

应对措施　意识到这份憨厚才是成长的养分　117

场景3 不知不觉就采取了防御的姿态　120

应对措施　冷静审视自己的心理特性，放下偏见　122

场景4 过于在意初次见面的人　123

应对措施　告诉自己"你没必要让自己看上去比实际更好"　125

场景5 交朋友要花很长时间　127

应对措施　即使被拒绝也没什么可失去的　129

场景6 说话不够风趣　130

应对措施　比起当"有趣的人"，倒不如做一个"能让人安心的人"　131

场景7 不擅闲聊，无法控场　133

应对措施　不要把不擅闲聊当成是一个忧心的烦恼　135

场景8 因为过度表现而陷入自我厌恶　137

应对措施　即使你不勉强自己活跃气氛，也不会有人对此不满　138

场景9 因为不擅长而懒得参与集体活动　140

应对措施　在自己的内心中确定好优先顺序　142

场景10 与成为全场焦点的外向型人相比，容易丧失自信　144

应对措施　意识到与人比较是因为自己焦虑　145

场景11 对任何事都过分忧虑　147

应对措施　将过分忧虑转化为自身优势　148

第六章　内向型人格的优势就在于此　151

内向型人格的弱点背后隐藏着优点　153

不要被能说会道的人所压制　155

一件事在脑海中挥之不去　158

焦虑的作用　160

将防御性悲观主义中的负面因素转化为力量　162

自省的习惯会增强进取心　164

内向型人特有的坚持可以激发想象力　166

不满足于现实，有理想主义倾向　168

将时刻存疑的态度转变为优势　170

比起泛泛之交更适合深入的人际关系　172

对他人内心的痛苦和脆弱有高度共鸣　175

能够专注于工作也是你的强项　177

正因为难以融入社会，才能有自己的想法　179

其实很适合与人交往的相关工作　181

如果性格内向的人成为领导者的话　184

居家办公有利于性格内向的人　187

第七章　摆脱那个被牵着鼻子走的自己　191

让你痛苦的那个习惯，恰恰是内向型人的优势　193

不擅于融入周遭环境，是因为保有本心　194

正因为难以适应环境，所以才能创造新的价值　195

意识到强烈的焦虑感是你的力量　197

先缓解对方的社恐情绪　198

你不必勉强自己成为一个社交达人　200

交一个可以对其敞开心扉的伙伴　203

了解外向者的特征，才能避免烦躁　206

让他们了解到真实的自己　208

摸索与团队的独立关系　209

拥有回归本真的时间和空间　212

结束语　215

第一章

你为何会因为一点小事就心力交瘁?

这种烦恼只有我才有？

你是否因为人际交往而感到过疲惫？

社会生活中人际交往是必不可少的，因为这些不可避免的人际交往把自己弄得心力交瘁，着实是一件痛苦的事。

身边的人积极结交朋友并乐此不疲，而自己连跟朋友说话都会小心翼翼，真累。

在公司也是，周围的人都能很轻松地和同事们相处，而自己却老是担心在聊天过程中措辞不当或表述不清，心情一刻也无法放松。

有时会怀疑自己是不是有点奇怪，为什么要对别人那么在意，让自己活得那么累，要是也能像其他人一样可以轻松地和大家打成一片就好了……

也许你的头脑中正充斥着上述的想法，但这些想法其实很正常。很多人虽然嘴上不说，心里却有着和你类似的想法。

接下来，就先让我们来看看几种常见的例子吧。

常见烦恼 1　很难与他人一同行动

明明是和熟悉的人在一起，却总想快点回家

说到疲于人际交往，很多人可能会联想到不喜欢或很少与人交往的人。

的确，有些人是因为觉得累才回避社交，但大多数人内心对社交并不排斥，甚至还很喜欢，可不知为何也会感到疲惫。

就像偶尔下班后和同事们出去闲聊喝几杯，说一些在邻桌那些陌生人看来很无聊的小事，也能聊得很开心。当下的自己也认为这就是一种疏解压力的方式。但是，一旦和大家告别，只剩下自己一个人的时候，一股无力感便油然而生。自己明明是开心的，可就是不知道为什么，总觉得有时自己在勉强自己。

也有些人这么自我分析：有时会和公司的同事们出去小酌几杯，其实我并不讨厌这样，甚至会因为大家邀请了我而开心，如果大家不叫我去我还会难过，内心很期待和大家一起聚聚。可是聚会时间一长，不知从哪儿就会冒出"差不多该结束了，好想回家啊"的想法。虽然确实和大家度过了美好的时光，但还是会

第一章 你为何会因为一点小事就心力交瘁?

觉得自己是那种对于人际交往会很敏感,感觉很累的类型。

很难适应每天都要一起吃午餐的习惯

我问过一些自认为不擅社交的人,为什么会这么认为。他们的回答大多是:通过和别人比较得出来的。

比如,有些人喜欢跟身边那些社交达人做比较,一比较,就会认为自己在人际交往中有些消极。

再比如,有些人觉得偶尔和朋友聚聚挺好,边聊天边吃吃饭喝喝茶也很惬意,但要自己每天午休时间都这么过的话又太累,会随便找个理由一个人悠闲度过。同时也会羡慕别人即使

每天这么聚餐，也照样能保持精力充沛。

我们单独看自己时很难看清，只有当与周围的人进行比较时，自己的特征才会显现出来。不必因为自己某些地方与别人不同就看轻自己，因为每个人都有自己的特别之处。我们可以通过比较，发现不一样的自己。

"和别人在一起会觉得疲惫"这并不稀奇

看看周围，会发现有的人即使一直和别人待在一起也完全不露疲态。甚至好像不和人待在一起就像少了点什么一样，不停地和人打招呼，时刻保持精神饱满。

跟这种人一对比，你也许会觉得自己有点奇怪，会怀疑自己的社交能力是不是太弱了。

但是，和别人待在一起会觉得疲惫，这并不稀奇。每个人的内心都会或多或少地因为与人交往而感到疲惫。其理由我会在后文慢慢阐明。但首先，我认为大家之所以会觉得"和别人在一起会累"这种感觉有些奇怪，是因为当今社会流行着一种风气——过度重视人际关系。

"落单"这个词开始流行后，一个人待着都仿佛变成了一件错事。也正因为这种社会风气，才让大家在独处时容易产生自卑感。

这样的后果就是，即使是真的想一个人好好放松一下、想要独自思考或者想沉浸在自己的世界中，也还是会担心："大家会不会觉得我是一个没有朋友的孤独的人？"

这样想着，便不知不觉又和大家聚在一起了。

大多数看似开心的人实则都很疲惫

我在大学课堂上，跟我的学生们讲起过"在人际交往中因为过于敏感而觉得疲惫"这一心理状态。下课后有一大半学生在提交的"今日学习报告"上写道，"我也是与人交往就会觉得很累的类型，本以为只有我这样，是自己太奇怪了，但今天老师您说在日本有很多人都会这样，我听了觉得安心很多"。

也就是说，的确有很多人在人际交往中会因为敏感而觉得疲惫。

那些不停地和同伴嬉闹、在外人看来很开心的人们，大多是看似开朗，实则内心十分敏感的人。他们会过于在意他人感受而让自己很累。

和朋友在一起时，尚且需要把握分寸，次数多了也会感到疲惫。更何况和不太熟悉的人或是初次见面的人交往呢？

和不熟悉的人在一起会格外疲倦的原因是：不清楚对方的反应。会过多地担心"说这种话可能会影响对方心情吧""也许对方对这个话题不感兴趣"等，为了找到最适合的说话方式，思前想后，顾虑太多，最终把自己弄得疲惫不堪。

常见烦恼2 回顾一日言行时开始自我厌恶

💬 不停地后悔"那个不当言论"

容易因为人际交往而感到疲惫的人，会在独处时自我反思，但反思结果往往是负面的。在和他人告别后、独自乘坐电车或深夜躺在床上时，他们会不断地回想自己的言行举止是否恰当，有强烈的反刍思维倾向。担心很多问题，比如：

"我没有说一些不合时宜的话吧？"

"刚刚的发言没问题吧？"

"我的话没有伤害到那个人吧？"

"我有没有净说些无聊的事让他人烦闷？"等。

除此之外，他们还会一边回想对方的语言和表情等反应，一边反省自己的言论和态度，比如：

"刚说的话会不会不合适？"

"哎，我刚刚要是这么说就好了！"

"我应该站在对方的立场上多想想的。"等。

他们会越想越后悔，进而陷入自我厌恶的情绪之中。

因为这种情况周而复始，他们很容易产生自我厌恶等焦虑情绪。

当然，在这个世界上还是存在着一种人，他们不管面对什么样的人，身处什么样的场合，都能抛出与之相适应的话题，能够很好地活跃气氛。

当你遇到这样的人，你可能会很羡慕他们不像自己一样畏首畏尾、思前想后，能够轻松地做自己。

但很多时候这只是你的误解罢了，你所看到的某个"八面玲珑"的人，或许也会在与朋友分别后开始自我反思，会对自己当时的表现不太满意，甚至会在临睡前躺在床上时陷入自我厌恶、自我嫌弃的消极情绪之中，而这些事你并不会知道。所以，你不必太羡慕那种"左右逢源"的人。

很多时候，你所羡慕的看似完全没有人际交往烦恼的乐天派，也许内心深处也十分敏感、十分疲惫呢。

瞻前顾后并不是件坏事

还有一件事非常重要，那就是瞻前顾后虽然会让人很辛苦，但绝不是什么坏事。

会拿起这本书的人，一定是一个心思细腻的人，会被说话肆无忌惮的人吓到。那些人之所以口无遮拦，是因为他们不会顾及对方的感受，不会在意别人的反应，也不会反省自己的言行是否恰当。

与之相比，因为体谅对方的心情导致自己疲惫不堪的人，可以说是太善良了。

过度疲劳会让身体吃不消，但如果因此就回避人际交往，又会给自己的生活带来不便。

所以，掌握缓解疲劳和适当控制情绪的方法就显得尤为必要了。这些方法和诀窍，我会在后文进行解说。

常见烦恼 3　难做决断，容易犹豫不决

遇事难以当机立断，让周围的人着急

容易觉得心累的人会仔细考虑问题，因此难以当机立断。

不知大家有没有这种经历，当公司的朋友邀请你出去玩，你正在考虑要不要去，同事就会催你：

"你在考虑什么呀？"

"你会去的吧，一起去嘛。"

这种感觉好像是在说，"这种事有考虑的必要吗？"

再比如，下班后大家一起出去聚餐，结束后突然有人提议去唱卡拉OK。当你还在考虑去不去时，其他人已经立刻赞同道，"好呀，去呀"，气氛好不热闹。这时，就会有人说你，"想什么呢！一起去吧。"

这种事发生次数多了之后，你就会反思，自己是不是真的遇事容易犹豫不决，让周围的人着急了。

无法马上决断是忠于自我的证明

可是，不擅长当机立断真的那么值得介怀吗？

实际上，我认为那些能够迅速做出决断的人并没有认真地问过自己：

"我是怎么想的？"

"我想做的真的是这个吗？"

他们没有经过深思熟虑，只是一味地迎合他人，并不忠实于自己的内心。

而无法马上做出决定的人大多具有坚持自我的生活态度，会倾听自己的心声。也正是因为这样，他们才需要花更多的时间来做决定。

他们还会考虑更多，担心自己这样做会让周围的人着急。

其实，这种情绪的产生和自己因为过于在意他人而容易心累的心理倾向密不可分。就这类人而言，最重要的是清楚意识到倾听自己内心最真实的想法是有价值的。

在现代社会，人们对"张扬力""高行动力""迅速的反应能力"大加赞扬，却忽略了要深思熟虑、忠于内心。但这股风潮只会导致我们过分浮躁，离自己想要的生活越来越远。

一味地迎合他人而无视自己的内心，最终压力过大、突然崩溃的人不在少数。

从这个意义上来说，无法当机立断的人虽然不擅于迎合他人，甚至看起来还有些笨拙，但这绝不是一件坏事。

要想活出真我人生，那就不断地审视自己的内心，倾听内心的声音吧！

常见烦恼 4 抓不住会议与闲聊时的发言时机

> 还在考虑发言是否偏离重点时,话题就已经转换

容易觉得心累的人还容易想太多。

深思熟虑本身并不是件坏事,但当大家一起聊天时,如果你一直想着:

"说这话也改变不了什么。"

"万一我说错话怎么办?"

不知不觉间话题就已经转变了,你自己也会错过发言的好机会。这样的事情多了,你就会积累压力,不知不觉就会感到疲惫。

如果说和同事闲聊时抓不住发言时机会让人觉得有压力的话,那么总是在工作会议上错失发言时机,就会让人焦虑了。

比如,当上司提出一些想法让大家讨论时,你有一些疑惑,想要提问时,如果你还是一味地担心:

"我提这种问题,会不会得罪提议者?"

"也许我想问的只是个无关紧要的问题。"

"我说这种话,大家会有什么样的反应?"

毫无疑问，当你不停地苦恼时，讨论也正在不断进行，你又将错过提问的时机。这种情况反复发生的话，你就很可能陷入沮丧之中，觉得"自己又什么都没说会议就结束了"，从而开始讨厌自己。

其实，我们根本无从知道他人的内心世界。过于在意他人想法而丧失发言的机会，很可能会让上司和同事认为你对会议议题没有任何思考，对你的评价也会降低。

关键时刻无法展现自我

容易觉得心累的人，不光在发表意见和提问时优柔寡断，还不擅长展现自我。

在全球化的时代背景下，现代社会已经开始提倡向外国人学习积极展现自我。但对于长时间在"谦逊才是美德"这一文化熏陶下长大的日本人来说，还是会在需要自我表现时放不开。

或许你们在看到那些积极展现自我的人时，会一边羡慕，一边又觉得他们的样子过于张扬、很难堪。

的确，有些新员工在应聘时吹嘘自己很能干，实则工作能力很差，他们只是通过过度宣传包装自己以达到获得职位的目的。

还有些人平时没什么干劲，老是偷懒，但是一到上司面前就表现得非常努力。

与这类人比起来，自己似乎太过老实了。比如，当得知公司要成立新项目，上司会推选团队的成员参加，让想做的人毛遂自荐时，自己明明非常感兴趣，却总是担心：

"要是因为我能力不足拖大家后腿的话该怎么办……"

而就在你犹豫不决的时候，业绩远不如你的同事却自信满满地报名了，你从心底感到惊讶。但一想到：

"还是脸皮厚的人才容易出成果，容易获得机会。"

又会痛恨太过老实的自己。

即便如此，这种心思细腻的人也不会毫无根据地自我吹嘘。或者说，他们不想成为得意忘形的人，会想要保持分寸。

这样的价值观如果能够得到认可，得到相应的评价自然是好的，但现在的社会文化并非如此，所以这类人很容易吃亏。

这时，如果他们再回顾一下自己的境遇，就会导致愤懑之情迸发，从而在精神内耗的过程中越发疲惫。

常见烦恼 5　讨厌行为举止粗野的人

提心吊胆于他人肆无忌惮的言论

让你觉得与人交往很累的原因，不仅在于你会在意别人的心情，还在于会对他人的口无遮拦感到担忧和烦躁。

比如，有人因为接了一个大订单而超额完成本月指标。同事称赞他：“你好棒啊，都已经超额完成任务了。”

这时，明明还有同事因完不成指标正焦虑不安呢，他却洋洋得意地说：

"是超标了，不过这么点指标应该是个人就能完成吧。"

听到这种话你只能默默地替其他同事感到不满。

同样，在参加同学聚会时，有个发展比较好的朋友跟大家炫耀说：

"我又升职了，工资一下涨了好多。"

明明周围还坐着靠低工资勉强维持生活的同学，他却得意地把金额都给说了出来。这时，你又会为他不经大脑的发言而愤怒吧。

像你这种心思细腻、面面俱到的人，每次碰到这样的"愣头青"说一些不顾及他人感受的话时，都会一边吃惊，一边注意其他人的情绪吧，或许还会在心里想：

"这话也太过分了吧。"

"会不会伤害到别人？"等。

同时，你也会因他们能够漫不经心地说出一些没心没肺的话而感到惊讶，甚至有时会生气。

因为自己就是一个心思细腻、深思熟虑的人，所以会讨厌那些不考虑他人立场和心情的人。

你不擅长和那些强势的人交往，也是因为他们不会尊重别人的立场和心情，总是单方面将自己的想法和要求强加于人。

也就是说，细心多虑的人，一方面会为自己过于细腻、过于在意他人的感受而烦恼，但另一方面又会觉得那些缺乏同理心的人说话太让人惊讶与焦躁。

这样一来，你就会发现，虽然你会为自己细腻的心思而苦恼，但也不愿意成为那种没心没肺、自我吹嘘的人，也就是说，你并不打算放弃那个细心多虑的自己。

常见烦恼 6 难以适应与他人共用房间与宿舍生活

即便是和亲近的人同住一间房，也很难睡着

因为人际交往而感到疲惫的人，其实并不讨厌人类，甚至可以称得上喜欢人类。因为只有会在意对方，会体贴身边人的人，才会觉得与人交往是件累人的事。

但是由于他们心思细腻，所以哪怕是和熟悉的人待在一起，时间长了也会觉得很累。

比如，当大家一起去滑雪或是去泡温泉时，大部分的人都会选择和朋友合住一间房，很少有人会自己住单人间。但心思细腻的人会觉得，虽说和朋友住在一起聊聊天也挺好，但总归跟自己单独住的时候不一样，心情无法放松，老是觉得自己

需要注意点什么。心情持续处于紧张状态的话，自然就会觉得累。

睡觉的时候也一样，哪怕大家都已经躺在床上了，自己的大脑也时刻处于兴奋状态，一旦有人搭话就会回应，有人说话时也会竖起耳朵听，这种状态一直会持续到其他人都进入梦乡。

相较之下，他们会十分羡慕那些不管身边有没有人讲话，都能一躺上床就迅速睡着的人。不知道这些人是怎么做到这样我行我素的。

所以，当大家一起去旅行的时候，有些心思细腻的人宁愿多花一倍的住宿费也要住单间。如果他们真的讨厌人际交往，一开始就不会答应一起去旅行。花双倍的钱都要去，说到底还是因为喜欢与人交往吧。只是因为自身性格太过谨慎，不想让自己这么累，所以不跟大家同住一间房而已。一天的活动结束后，他们至少想在睡觉的时候什么都不想，轻轻松松地休息一下。

其实大多数情况下，他们都不会做得那么极端。更多的时候，他们一边顾虑着同住的人，一边享受与同伴交流的愉快时光。只不过，短暂的这样相处倒是没关系，如果这种状况持续好几天，那么他们就会觉得疲惫。

无法适应学生宿舍与员工宿舍生活

无法适应学生宿舍与员工宿舍生活的这类人，平日里不会随便去朋友家留宿，也不常让朋友来自家留宿。他们并不是不喜欢这个朋友，而是即使打心眼里喜欢和他相处、重视和他的友谊，一直待在一起的话也会因为在意而觉得很累。因此，他们希望至少睡觉的时候能够独自一人放松一会儿。

因为抱有这样的心态，所以他们会对学生宿舍、员工宿舍那种场所避之不及，因为私人领域会不断地被他人侵扰。

对于那些会习惯性地考虑别人的意愿和心情的人来说，从他人的立场出发去处理问题，自然就会怠慢自己的内心感受，无法按照自己的意愿去行动。这样一来，就很容易因为勉强自己而心力交瘁。

在生性自我的人看来，上述这种性格的人实属想得太多、自己累着自己。但这也正是这类人的本质特征，是绝对无法改变的。

因此，他们虽然知道这会让自己很累，但还是无法不在意。

常见烦恼 7　长时间的对话令人疲惫不堪

长时间的会议与小组学习令人疲惫

小组学习在学校课堂上由来已久。最近，一种以主动学习[①]为基础的小组学习法又流行了起来。

我问了我的学生们怎么看待这种学习方法，他们有些人赞成，也有些人反对。的确，要是整个小组的学生学习热情都不高的话，这种方法就会有很多弊端。说到底，一个人能否主动学习，并不取决于是自己学还是和小组一起学。

实际上，我采访了很多在课堂上采用主动学习的小组学习法的学生，他们抱怨的声音很多，比如：

- 大家都在自说自话，无法深入讨论，也无法掌握知识。
- 变成了聊天大会，真心疼我的学费。
- 即使我认真预习了去上课，但小组的其他人都不预习的话，讨论就没有意义了。
- 大多都是随大流的人，我接受不了。

---

① 一种通过演讲、小组讨论等方式让学生自主学习的授课方式。——译者注

- 大家都不懂的话，讨论起来也没有任何意义。

另一方面，也有相当一部分学生认为小组讨论的授课方式比普通讲课的方式更好，理由如下：

- 只是坐着听讲的话，我会犯困，但小组讨论的话就没法睡了，更能让我集中注意力。
- 因为是小组学习，事先要分工查找一些资料，所以会逼着自己去预习。
- 能够听到别人的不同意见，这让我很受用。
- 可以练习如何发表自己的意见，这有利于以后找工作。

总之，小组学习法能否有效地发挥作用，取决于大家课前准备是否充分，也就是说，是否平时就能够主动地学习。

比起团队讨论更喜欢独自钻研

咱们暂且不论小组学习法的利弊问题。我们这里要关注的是：心思细腻又十分敏感的人，本身就是不擅长应付小组讨论这种场合的。

他们会更加在意如何与人交流，因此无法深入思考。会担心：

"我说这种话会不会伤害到刚刚发言的人呢？"

"要是我说的话像是在否定别人就不好了。"

"那个人也还什么都没说。"等。

操心这操心那,就是没办法集中到课题本身上。

也就是说,热衷独处的人觉得独自思考更能集中精神,也更有利于深入思考和总结。他们非常渴望不被人打扰,想要沉浸在自己的世界,慢慢考虑,深入思考。

但敷衍了事的人就不会这么想。小组的其他同学们自说自话时,他们明明会在心里抱怨:

"做这些事能有什么意义啊。"

但下课后却能装出一副没有任何问题的样子说:

"今天也很开心呢。"

这着实是挺令人吃惊的。

在会议室中,比起议题更在意其他事物

职场上也是一样。在开会时,心思细腻敏感的人会一边观察大家,一边东想西想:

"他讲话也太有攻击性了,要是能多考虑下别人的心情就好了。"

"他提出的意见被反驳了,看起来心情好差啊。"

"他还什么都没说呢。"等。

顾虑太多，反而让他们不能集中于议题本身。

即便想到一些点子，也担心：

"好像没什么说服力，我得拿出更充分的依据。"

"我的逻辑必须更清晰。"

"还是先听听大家的意见再说吧。"

等他们回过神来时，会议已经进行到下一话题了，他们就这样白白丧失了发言的机会。

即使他们发现别人的话偏离重点或是提出的意见有不妥之处，也不好意思直接提出来，而是会想：

"我要怎么说才不会驳他的面子？"

"要怎么说明才能让对方既不觉得尴尬又能接受呢？"

想着想着就觉得太麻烦了，最后还是会选择放弃发言。

因为这种情况总是反复发生，所以他们老是觉得很累。

他们不仅会因为在意大家的反应而分神，还会因为冗长的会议而心生烦躁。因为会议上总有一些人喜欢说些可有可无的话，或是动不动就闲聊，甚至离题万里。

不过，这也说明他们是真正希望召开一个有效的会议，如果对会议没有任何想法，即使会议漫长而无用，相信他们也不会过多在意，反而会悠闲自在。

第一章　你为何会因为一点小事就心力交瘁？

常见烦恼 8　总是对自己的失误耿耿于怀

💬 犯错被指责了的话会非常在意

在工作中，心思细腻的人如果因为犯了一点小失误被他人指责，会备受打击，甚至十分自责。会觉得：

"都被我搞砸了。"

还会在心里暗自发誓：

"我下次一定不能再犯同样的错误！"

但是，谁都有可能在不经意间重复犯同样的错误。每当这

"我又把事情搞砸了……"

025

时，内心敏感的人就会十分沮丧：

"为什么又做错同样的事情啊，我真是没用！"

进而陷入自我厌恶的情绪之中。

会讨厌那些犯了错误还不知悔改的人

有位来我诊室咨询的朋友，跟我抱怨道：

"我为什么总是因为一些小事而倍感失落呢？"

"再这样下去的话，我身体会吃不消的。我好羡慕那些无论发生什么都毫不在意的人啊。"

于是我问他，身边有这种毫不在乎周围的人吗？他说公司的同事里就有这样的。

那位同事在工作中即使犯错被指责了也毫不在意，可能也正因为他不在乎，所以经常会重复同样的错误，但就算这样，他也没有表现出半点抱歉之意，始终是一副满不在乎的样子。

但是，他会在我犯错误被骂而情绪低落的时候，过来安慰我：

"你每次都那么在意怎么能行呢。随他说就好了嘛。我们本来就比不过那些资历深厚的前辈，工作上不如他们是很正常的啊。"

虽然我知道他是好意，想要鼓励我，但是一想到他自己犯错时全然不知悔改，永远一副将错就错的姿态，就会觉得惊讶，甚至十分愤怒。

最近，前辈们发现不管怎么提醒他、指责他，他都不当回事，也不改正之后，就放弃他了，也不怎么指责他。而他却一点自知之明也没有，还一本正经地说：

"我最近都很少挨骂了，应该是因为我的工作能力越来越强了吧。"

真是搞不懂他的脑回路，当时我都惊呆了。

这位朋友一边描述他同事平时的言行，一边像是意识到了什么似的说：

"虽说，我想要改掉性格中过于在意自己失误的这一点，但是我也不想变成他那种不懂得反思自己的人。太不在意身边的人和事也不见得是件好事。"

从这个故事中我们可以知道，一个人如果没有上进心和责任感，就算犯错了被指责也丝毫不会在意，但这绝不是一种理想状态。可总是过于在意而让自己心情沮丧的生活方式也不值得提倡。重要的是把握其中的尺度，要意识到错误并及时纠正，同时也不能钻牛角尖，这样才会越做越好。而不是说只要不去在意它就行了。

怎样做到在意的同时，又不给自己带来那么大压力？这是我们今后需要继续研究的课题。

常见烦恼9 因为工作与考试而倍感压力

不管做了多少准备都还是会紧张

细心多虑的人，不仅在犯错之后十分在意，还极端恐惧犯错本身，在做任何事情之前都会变得非常神经质。

例如，在参加资格考试或是升级测验之前，他们会为了通过考试而全力备考。会认真翻阅参考书、做一些历年的真题集、找出自己的薄弱环节、重新学习并巩固知识，在时间允许的情况下做好充足准备。

但就像学生时代的考试一样，除非事先拿到考题，否则无论准备得多么充分，都不可能做到万无一失。一想到这，他们心中的不安感便挥之不去。

这种情况还不仅限于考试。

在工作中也是一样。同样一件事，同事遇到就能冷静应对，而自己却总是惴惴不安。比如被上级安排做一个工作上的产品演示，在演示结束之前，这件事会一直盘旋在自己的脑海中挥之不去，让他们无法冷静下来正常生活。会认为：

"虽然我花费了很多心思来做产品演示的内容策划，但哪怕演示文稿已经设计好了，我也担心自己能不能讲明白，不多演练几次总是不放心。我还请同事听我演示，帮我提意见。尽管那位同事跟我说：'你是不是过于紧张了？演示文稿做好了的话照着念就行了啊。'但我还是忍不住担心，怎么都静不下心来。"

在练习完如何演示之后，他们也仍然会担心：

"有没有漏掉的地方？"

"大家会提一些什么问题？"

"要是大家问的问题我回答不上来怎么办？"

"要是对方对这块知识更懂的话怎么办啊？"

想到这些他们又会开始坐立不安，开始设想可能被问到的问题并提前思考答案，或者查找并阅读相关的资料，一直到演示当天都无法平静下来。

考虑所有风险，被焦虑所支配

有位负责上门推销的业务员也表达过同样的担心。他说：

"如果我不能介绍清楚产品就糟糕了。"

"明明我才是推销商品的人，要是对方比我了解更多新信息的话，那我就太不称职了。"

"如果被问到一些答不出来的问题就太丢人了。"

一想到这些情况，心里就开始忐忑不安，于是他们会拼命搜索所有的信息和资料进行学习，努力确保万无一失。

意识到自身细心多虑这一性格特质的人，会对自己面对一点小事就焦虑不安这件事束手无策，还会十分羡慕那些在考试或是演讲之前不慌张、不焦虑，能够保持平常心的人。

但实际上，这份敬畏之心有助于他们的学习和工作顺利进行。关于这一点，大家可以看看我在第六章中提到的焦虑的好处。

例如，自我感觉良好地认为"复习到这就差不多了"的乐天派和不管怎么复习都还是焦虑不安，会反复翻阅参考书、做习题集的人，究竟谁更容易通过考试呢？

做好了演示文稿就觉得万事大吉的人，和不管怎么准备都还是不放心，直到演示前一刻都还在练习，吸收与之相关的知识和信息的人，哪种人失败的概率又会更低呢？

这样想来，比起乐天派，那些无论做了多少准备都保持着焦虑感的人，更容易准备周全，成功的概率也会更高。

常见烦恼 10 将对方的期待凌驾于自身意愿之上，让自己很累

做出不辜负别人期待的反应

在前文中，我一直提到一个概念——"因为人际交往而感到疲惫"。这其实是一种由于在意对方的立场和感受而形成的心理表现。

那种不在乎他人感受、我行我素的人，恐怕理解不了这种因为他人着想而疲惫的心情。

太在意他人的人，心中一直有一种强烈的"想要回应对方的期待""不想辜负对方对自己的期待"的想法。

因此，他们十分在意对方想要什么、期待什么。为了回应对方的这份要求与期待，会勉强自己，压抑自己内心的真实想法，这样就会很累。

无法开口批评下属与后辈

很难批评他人的人总是喜欢替别人着想。比如，当公司

的同事想要跟他们调换排班时，他们明明有约在先，不方便换班。但当他们感受到对方的殷切期待时，就会觉得：

"他肯定是有什么要紧事。"

"如果我不帮他的话，他会很麻烦吧。"

一想到这些，他们就没法拒绝了，最终只能答应对方的请求。但想到自己连说出实情并拒绝对方这点简单的事都做不到，又会觉得自己真没用。

对公司的后辈也是一样，收到对方做完的文件，检查后却发现文件需要重做。可看到对方因为早早完工而期待表扬的骄傲表情，又会想：

"他应该很希望我能表扬表扬他。"

"我要是这会儿告诉他这份文件做得有多么糟糕的话，他肯定备受打击。"

结果让自己陷入了两难的境地。一边想：

"太难说出口了，还是我自己帮他改吧。"

但一边又犹豫：

"如果我这会儿不教他，那他就永远都不会进步。"

最终只有自己陷入无尽的苦恼：

"我要怎么跟他说才能减少对他的伤害？"

无法拒绝不想去的邀请

最近觉得有点累,本想今天下班一定要赶紧回家休息一下,但就在这时,公司的前辈邀请你下班一起去喝一杯,你很想拒绝,但又想:

"她今天肯定很想出去喝一杯吧。"

"她好不容易邀请我一次,我拒绝了她会不会不太好。"

想着想着,就更难拒绝了,最终只能一起去。喝完酒回家的路上你突然觉得好累,悔意又再次涌上心头:

"我为什么就不知道拒绝呢!"

被这种后悔感一折磨,就觉得更累了。

性格内向，但也试图回应对方期待

因为人际交往而感到疲惫，从性格类型上来说，是内向型人格的特征之一。

关于内向型人格与外向型人格的特征，我会在之后的章节中详细说明，在本节中，我们先简单地了解一下。

"内向型人格"的特征是：经常自我反省、内心世界十分丰富、对外界的关心不多、不擅长揣摩他人心思、不能圆滑地处理人际关系、难以适应社会生活等。

相反，"外向型人格"的特征是：不怎么关心自己的内心世界、对外界有着强烈的好奇心、擅长按照他人的意愿行动、很少有人际关系方面的烦恼、社会适应能力强。

这样看来，"为了回应对方的期待而行动"应该是外向型人格的特征才对。

那么，容易沉浸在自身世界的内向者，为什么也经常会想要回应别人的期待呢？

事实上，这正是本书的主题——"隐性内向"这一性格的特征：**经常反省自身，一边重视真实的自我，常常自我追问"真正想做的是什么？"，一边又"不想辜负他人的期待"，**

因此让自己很累。

如果是性格外向的人遇到这种情况，就能很自然地配合对方行动，全然不觉得累。

在第三章我们将会了解到：隐性内向性格的形成，是因为当今社会文化更加偏重于性格外向的人，致使性格内向的人不得不变得外向以求适应社会。

此外，关于想要回应对方期待这一点，不得不说这跟日本的文化特征有千丝万缕的联系。对此，我也会在之后的章节中具体说明。

第二章

认识自己的内心

自我中心文化与关系文化

在第一章的结尾处,我曾指出:性格内向的人也会想要回应对方的期待,是因为受到日本文化的影响。

为什么会这么说呢?

很多欧美人都有这样的特征:他们非常特立独行,认为别人怎么想跟自己无关,只要说我所想、做我所说即可。有些人可能觉得这种处世原则不可思议,认为这太自私了。

其实,如果深挖欧美社会背景就不难发现,这些都是追求个性的表达。这种"我行我素"的行为方式被广泛接受,与欧美文化有关。我们每个人的心中都留有深深的文化烙印。

我把欧美文化定义为"自我中心文化",把日本文化定义为"关系文化"。

所谓"自我中心文化",就是以自身想法为处世原则。是否要提出某事、是否采取某项行动,全部基于自己的立场和意见来判断,与他人无关。

在这种文化的熏陶下,人们喜欢根据自身的经验、心情和想法来判断事物就变得顺理成章了。

因此崇尚自我主张的欧美文化，可以说是"自我中心文化"的典型。

在这种文化下形成的人格，是一种相对独立的人格，不需要依附他人。所以欧美人认为，贯彻自我意志才是正确的，受旁人左右是一种不成熟的表现。

与之相对的"关系文化"则认为，不应该因为自我主张而影响别人，给别人添麻烦。在自己决定做某事、采取某项行动之前，应该充分考虑对方的心情与立场。

受这种文化的影响，人们理所应当地认为自己在做判断时应该先考虑对方的心情与立场。

因此强调克制自我主张、宣扬同理心的日本文化，是名副其实的"关系文化"。

接受这种文化长大的日本人，并没有把自己与他人完全分离开来，而是与他人保持着一定的联系。所以他们认为不考虑他人、一味按照自己的想法行事，那是自私的、不成熟的。

由此可见，是否为对方着想是"关系文化"中的一大特征。在日本，"体贴"是十分重要的，这是在意对方的心情与立场、重视人与人之间关系的一种展现。

换言之，这类人也很容易被他人影响，容易受他人左右。

综上，性格内向的人虽然不喜群居，想要时刻藏身于自己的"安全地带"，但因为深受"关系文化"的影响，知道自己不应该沉浸在内心世界中，需要体贴对方，适当地揣摩对方的心思，努力回应他人的期待。因此，本不擅长这些事的性格内向的人，就会因为过于小心翼翼而让自己身心俱疲。

与人交谈时感到疲惫的理由

上文中对关系文化特征的说明比较抽象，大家可能无法对此感同身受。那么，让我们来假设一个具体场景。

在关系文化中，我们需要预测并不停地观察对方的反应，以此来判断自己的表现是否合适。

比如，会时刻注意自己说话是否得体：

"他会对这类型的话题感兴趣吗？"

"他会觉得无聊吗？"等。

也会在邀请别人时担心：

"他会不会觉得麻烦？"

"不能让他觉得这是一种负担。"等。

正因为一直抱有这种心态，所以我们在说话时会一边观察对方的反应一边寻找话题，这会增加精神内耗。这一套"组合拳"打下来，很多人会吃不消，疲惫感也随之而来。

除此之外，我们还需要在对话的过程中根据与对方的关系来改变措辞，因此在对待那些不太熟悉的人时会觉得格外伤脑筋。

对此，曾有学者从心理学的角度出发，通过日本人语言表达中的微妙差别，描写过这种因为过于谨慎而苦恼的心理，具体内容如下：

公交车上，一位游客模样的中年女性和一名当地青年并肩而坐。女人似乎正出神地想着什么，一不小心差点儿坐过了站，当她慌忙起身准备下车时，青年犹豫了一下，从她背后轻声说：

"那个，这，没错吧？"

原来是女人慌忙中把包落在座位上了。

值得玩味的是，青年的话语中，既没有出现对对方的称谓，也没有出现任何代名词。他没有用"阿姨"或"您"称呼那位女性，而说的是"那个"。而且说"阿姨您的包"或是"您的包"似乎也不够妥当，结果他只说了个"这"草草了事。如果用英文的话，就可以直接说您的包（your bag），这样就不会有任何称谓上不合适的地方了。

那位青年在考虑了年龄、性别、亲疏关系等各种条件之后，还是找不出恰当的措辞，最终只说了句"那个，这，没错吧"。这种不管使用任何措辞都觉得害羞、说不出口的微妙心理，在日本人的人际交往中是十分常见的。

土生土长的日本人，应该对这位青年的心情深有体会吧。我想如果大家也身处同样的境遇，或许也会因为不知道应该如何打招呼而说出同样的话。

虽说"您"也是礼貌用语，但跟长辈直接称呼"您"多少有些失礼。当然，"你""喂"之类的字眼因为过于不礼貌，所以根本不在考虑范围内。但我暂时也想不出更好的代名词来应对这样的场景。

贸然叫她"阿姨"可能会引起她的反感，可叫"姐姐"似乎又有嘲讽的嫌疑。

这样思来想去，都想不出合适的称谓，最终只好用"那个"做开场白，又因为找不到合适的所有格，所以只用"这"来了事。

从这个例子中可以看出，日本人在日常行为中会时常考虑对方的感受，体谅对方的心情，所以哪怕只是一个小小的称谓，也要在措辞上思虑再三。

即便对方是同事、朋友，在交往中也仍然觉得疲惫

在生活中容易因为人际交往而感到疲惫的根本原因在于：过于在意旁人的眼光，被旁人的眼光所束缚。

性格内向的人不仅会在意那些自己不太熟悉的人，还会关注日常生活中需要经常接触的人。

而且，因为不想跟需要经常接触的人关系闹僵，他们在与之交往时会比对待陌生人时更加注意。

比如，当他们在公司的午休时间和同事们闲聊时，每当想说什么时，都会担心：

"说这话会不会让谁不高兴？"

会观察大家的反应，根据大家想聊的话题来回应。

说了几句之后又会想：

"我没有说一些不合时宜的话吧？"

"有没有扫大家的兴？"等。

他们会一直反思自己的言行举止恰当与否，担心这担心那。

在闲聊的时候也总是过分担心着周围人对自己的看法：

"大家是真心高兴的吧？"

"他们不觉得无聊？"

第二章 认识自己的内心

"他们会不会认为我是个无趣的人?"

而且,如果他们在人际交往中曾经有因为表现过头而引起朋友反感的经历,就会一直烦恼自己应该表现到什么程度,即使表面上笑得很开心,心里也像走钢丝般紧张不已。

还有些人总是会患得患失,他们虽然觉得交到朋友是一件值得开心的事,可一旦开始与同事变得亲近,又会担心:

"应该把自己展现到什么程度才好?"

"展现自己的哪一面才是安全的?"等。

但是,越是重视这层关系就越是在意,反而会表现得不那么自然。

也正因为如此,他们十分渴望拥有一个可以放肆展现真我的朋友,但他们也知道这种朋友是可遇不可求的。

内向型的人虽然很羡慕那种跟谁都能融洽相处的人,甚至希望自己有一天能够成为那样的人,但一个人的内心习惯并不是那么容易改变的。

心思细腻的人多有社恐倾向?

为什么心思细腻的人大多容易被认为有社交恐惧的倾向呢?

说起社交恐惧,可能有人会认为这是某种严重的心理疾病,但其实并不是这样的。这是大多数在意旁人眼光的人都有的心理倾向,只是程度有轻有重。

无论是不擅社交、没什么朋友的人,还是只有一二知己的人,甚至是朋友众多的社交达人,内心都或多或少对社交抱有恐惧感。

而我们在人际交往中也会经历各种各样的焦虑。

例如,对说话这件事感到焦虑。

不知大家是否有过这样的经历?当和一些陌生人、不熟悉的人交谈时,会担心:

"我能顺利和他们交谈吗?"

"该说些什么好呢?"

"我会不会说错话?"

这股涌上心头的焦虑感,导致自己跟别人见面之前就开始紧张。

另外，在实际交谈的过程中也会一边担心，一边在意对方的反应：

"他不会觉得我说的话没意思吧。"

"我没有让大家觉得无聊吧？"等。

大家是否还会有这种感觉：会时常在意对方"喜不喜欢"自己。相信谁都不想被别人否定，希望被善意对待。但是，没有谁会对此有绝对的自信。所以他们容易陷入一种焦虑：

"他是善意的吗？"

"他不会讨厌我吧？"

"会不会因为我太沉闷了而不喜欢我？"

在这种焦虑的驱使下，他们会对对方的态度和言语变得十分敏感。

同时也担心对方是否能理解自己，所以在每次说话之前都会想：

"他们会对我的话产生共鸣吗？"

"他们不会觉得我是个奇怪的人吧？"

"要是厌恶我说的话就太糟糕了。"等。

虽然在交谈中有这种顾虑，却不能坦率地说出来。

这种大家在人际交往中产生的焦虑感就是社交恐惧。

社交恐惧感强烈与微弱的人

心理学家戴维·巴斯[①]（David M. Buss）认为，社交恐惧是指"身处公众场合的不适感"，具体的心理倾向表现为以下几种：

①适应初次经历的场合需要时间。
②被人关注的话就无法集中精神工作。
③非常害羞。
④在公众场合发言时容易焦虑。
⑤待在人群中会因为敏感而疲惫。

我相信很多人都或多或少地符合以上几种情况，而且，大多数日本人也表示自己具有上述心理倾向。

其实，"发言时的焦虑""担心对方'喜不喜欢自己'的

[①] 戴维·巴斯（1953年4月4日— ）是一位在得克萨斯州大学奥斯汀分校任教的心理学教授，知名于关于人类择偶的性别区分的演化心理学研究。——译者注

焦虑""对方是否理解自己的焦虑",这三种前文提到过的焦虑感,我在课堂上也跟我的学生们提及过,大多数学生都对此感同身受,纷纷表示:

"简直就像看到了自己。"

"我觉得这完全就是在说我。"

"我心里想的就是这样。"等。

他们还说,自己完全符合巴斯所述的五种心理倾向。

接下来,他们还具体描述了自己的不安:

"我很害怕别人来找我搭话,这种焦虑感非常强烈,所以在学校里我总是很紧张。"

"每次升学或是分班的时候,我都很担心自己能否顺利融入新集体,直到现在我都不习惯,我很害怕以后参加工作了能否跟同事们好好相处。"

"因为害怕被拒绝,所以我总是不敢主动发出邀请。"

"不管是在高中还是大学,只要融入了某个小团体,就容易待在这个小团体的'舒适圈'中,所以大家的社交恐惧感应该都比较强烈。"

"我总是很在乎别人对我的看法,所以无法轻易向别人展示自己。"

"我很担心对方不喜欢自己,时常恐惧被别人讨厌。"

挖掘内向优势：安静的闪光点

"我很想让对方觉得我很好，所以总是勉强自己去迎合他人，为了不让别人觉得我无趣，会拼命找话题聊天。"

"如果发现对方兴致不高，我就会觉得是因为自己说的话题太无聊，这时，我的心情就会变得很低落，会觉得气氛越来越尴尬。"

"我担心自己会因为说了某些话而被讨厌、被排挤，所以常常苦恼应该说些什么。"

"因为对自己没有信心，所以我无法随心所欲地说出自己想说的话，这让我压力很大。"

"我时常因为过于焦虑而满头大汗、紧张不已，有时候会被别人看到这样不讨喜的一面。"

还有些人本以为自己是和谁都能和睦相处的类型，但认识到社交恐惧这一心理之后，才发现自己性格中也有社恐的一面，只是自己从来没有意识到而已。所以他们直到现在才恍然大悟，原来自己有时在人际交往中会感到疲惫、勉强，原因是社交恐惧。

有强烈社交恐惧的人难与人产生"牵绊"？

社交恐惧这一症状，不光是出现在学生这一年轻群体中。

我在面向母亲们开展育儿讲座、在培训企业员工时，都能听到他们诉说自己这方面的问题。

心理学家巴里·施伦克（Barry Schlenker）与马克·利里（Mark Leary）曾将社交恐惧定义为"在真实或是想象的人际交往场景中，因为被他人评价或期待被他人评价而引发的焦虑"。

这与心理学家巴斯的定义"身处公众场合的不适感"相比，更能深入体现社交恐惧产生时的心理机制。

也就是说，因过于在意别人对自己的评价而产生的焦虑，这便是社交恐惧。

有强烈社交恐惧的人，会惧怕公众场合，并不自觉地避免人际交往。

因为焦虑，他们会过分在意他人的言行举止：

"我是不是吓着他了？"

"我是不是惹他不高兴了？"

"和我这样的人待在一起是不是很无聊啊。"

"他是不是讨厌我了？"

"他是不是看不起我？"等。

他们总是消极地去揣摩别人的想法，所以很容易受伤。

也因为过于在意自己的社恐倾向，他们会刻意回避人际交往，不能坦率对人，导致很难建立良性的人际关系。

荣格提出的心理外向型与内向型理论

具有强烈的社交恐惧是心理内向型人格的特征，那外向型人格的特征又如何呢？接下来，我会分别详细地介绍外向型与内向型的心理特征。

心理疗法专家西格蒙德·弗洛伊德（Sigmund Freud）和阿尔弗雷德·阿德勒（Alfred Adler）在治疗神经症患者时，构建了两套截然不同的理论[①]。卡尔·古斯塔夫·荣格（Carl Gustav Jung）以此为契机，提出了人类生来便具有互相矛盾的两种态度这一观点。

弗洛伊德注重的是外在世界，也就是现实社会中的人际关系。

而阿德勒研究的是内在世界，即心理世界中的主观自卑

---

① 在心理学流派中，精神分析占有非常重要的地位。作为精神分析的鼻祖，弗洛伊德对心理学的主要贡献就是创造了无意识心理研究的新纪元。他认为一个人患了精神分裂时，是无法治疗的，所以他的病人大多是正常人群；阿德勒作为第一个与弗洛伊德的观点产生分歧的精神分析心理学家，其心理学理论另辟蹊径，独具风格。他认为人的一生都是摆脱自卑、追求卓越的过程。——译者注

第二章　认识自己的内心

内向型

心理能量向内

- ☑ 更关心自己
- ☑ 不擅于捕捉他人与社会的动向
- ☑ 集中力强
- ☑ 不善转变
- ☑ 希望按照自己的感受与想法行事
- ☑ 对外界刺激敏感
- ☑ 倾向于跟少数人深交
- ☑ 不擅长面对他人
- ☑ 难以融入社会

外向型

心理能量向外

- ☑ 更关心他人与社会变化
- ☑ 擅于捕捉他人与社会的动向
- ☑ 高度关注周围环境
- ☑ 善于转变
- ☑ 根据周围的期待与动向行事
- ☑ 对外界刺激不敏感
- ☑ 喜欢广交朋友，但关系不深
- ☑ 不擅长面对自己
- ☑ 快速适应社会

情结。

在荣格看来，不论哪种理论都能解释神经症的成因，但弗洛伊德和阿德勒都坚信自己的观点才是正确的。

"对于这两难的抉择，我是这样考虑的。或许人类本就分成两种不同的类型。一种对客体感兴趣，另一种则对自身（也就是主体）感兴趣。"（卡尔·古斯塔夫·荣格，《无意识心理学》）

这样，荣格确立了两种类型论。**以客体为基准进行自我定位的外向型和以主观因素为基准进行自我定位的内向型。**

这样说也许难以理解，接下来我们再具体看看。

外向型的人，会对周围的人和事物抱有强烈的好奇心，会根据周围的动向来判断事物。他们会以牺牲主观的自我思考及感受为代价来适应环境，因此和外界的摩擦较少。虽然适应社会是好事，但过分关注社会的话，也许会迷失自我。

内向型的人，有很强的自我保护意识。比起外在的各种因素，他们更偏向于通过自己的主观想法来判断事物。也就是说，他们更关心自己的感受和想法。但过于关注自己则会导致无法适应社会。

荣格指出，外向型人格的人具有惯于迎合他人、性格直率，不管遇到任何状况都能够迅速应对，不易纠结，但做事略显草率等特征。

而内向型人格的人遇事容易犹豫不决，善于自省但时常畏缩不前，不易敞开心扉，认生，喜欢缩在自己的保护壳中小心翼翼地观察世界。

综上所述，外向型人格的特点是，与外部世界联系紧密，行动范围广、速度快；而内向型人格的特点是深耕于自己独立的内心世界，与内在紧密相连。

"内向型"与"外向型"这两种类型论很快被翻译成世界各国语言，并迅速流行开来。而"内向型""外向型"这两个词之所以能够成为大家熟知的日常用语，也正是因为它引起了大家的共鸣吧。

心思细腻又敏感的人，按照类型论划分属于内向型。

有些人可能不确定自己属于哪种类型。因此，我为大家准备了一个性格测试，请试着检测一下。

外向型与内向型的检验测试

请在以下选项中勾选与你自身情况相符的答案，在符合的选项前的（　）内打√。

挖掘内向优势：安静的闪光点

（　　）1.做任何事之前，会充分考虑自己是否真的想做。

（　　）2.重视自我主张。

（　　）3.不想轻易迎合他人。

（　　）4.经常回首往事。

（　　）5.做决定之前顾虑过多、优柔寡断。

（　　）6.分班、入学及入职时，需要时间适应新环境。

（　　）7.畏首畏尾、不轻易与不熟悉的人交谈。

（　　）8.认生。

（　　）9.会小心翼翼地留意周围人的状态。

（　　）10.对出席陌生场合、参与创新事物有抵触情绪。

（　　）11.很难交到新朋友。

（　　）12.交友范围狭窄，但与朋友交情深厚。

（　　）13.不善于应付酒局、联谊会等人群聚集的社交场合。

（　　）14.只有和特别亲近的人在一起时才放得开。

（　　）15.会根据大家的意见与现场氛围来做决定。

（　　）16.能够根据当下的环境采取合适的态度与行动。

（　　）17.能够自然地与人相处。

（　　）18.独处时不会刻意直面、反省自己。

（　　）19.做事果敢。

（　　）20.分班、入学及入职时，能迅速融入新环境。

（　）21.能够积极地与人相处。

（　）22.在别人眼中,你是一个容易接近的人。

（　）23.经常没有经过深思熟虑就草率行动。

（　）24.能积极应对未知状况。

（　）25.跟谁都能很快亲近。

（　）26.喜欢社交且社交范围广,但和大多数朋友交情不深。

（　）27.享受酒局、联谊会等社交场合。

（　）28.在不熟悉的人群中间也不觉得紧张,很放松。

怎么样?是不是觉得有些选项很符合自己,有些又不够符合呢?实际上,从以前的测试结果来看,大多数内向型人格的人会在选项1~14中打√,而外向型人格的人则会在选项15~28中打√。

如果你的测试结果中,选项1~14中的√多过选项15~28中的√的话,就说明你是一个内向的人。

反之,如果选项15~28中的√多过选项1~14中的√,则表示你是一个外向的人。

但是,如果你明明在人际交往中很积极,但选项1~14中的√却比你预想中要多,那么说明你有可能是一个"隐性内向"者,即你原本是一个性格内向的人,但为了适应社会,会勉强自己表现得很外向。关于这一点，我将在第三章中进行详细的解释。

内向型人格的人为何容易疲惫？

性格内向的人更关注自己的内心世界，所以往往难以融入社会，无法很好地适应周遭环境。

而性格外向的人因为时刻注意着外界的人和事，所以既能快速适应环境，同时也能很好地顺应时代潮流，准确感知现场氛围并做出适宜的回应。

例如，外向型的人在职场上懂得察言观色，能够根据对方的神态和表情来应对现场状况。所以，他们不但能在闲聊时灵活地展开话题，同时还幽默风趣、能够活跃气氛，因此深受上司与前辈的欢迎。同理，这类人也很容易获得合作商的青睐。

与之相对，内向型的人因为更关注自己的内心世界，所以遇事常常会先问自己：

"我真正想做的是什么？"

"我追求的到底是什么？"

久而久之，就变得不善于把握、顺应时代潮流，不懂得察言观色、伺机而动了。因为不够灵活，所以他们也不知道自己做些什么才是合适的，每每在需要做出回应时苦恼无比。

所以内向型的人在进入新的职场环境时，往往需要花很长时间才能适应。即使表面上和大家关系融洽，但实际很难跟同事打成一片。因为他们总是不由自主地紧张，导致周围的人也无法轻松地与他们搭话，与同事之间的关系自然就浮于表面了。

像这种内向型的人，其实内心十分羡慕性格外向的人，希望自己也能跟他们一样，能够迅速融入周围的环境，跟谁都能笑脸相迎、轻松对话。但同时他们又会犹豫：

"要是我这样说的话，人家会不会觉得我奇怪？"

"这种说法好像有点失礼。"

思来想去，最终还是没能轻松开口。

但是，会滋生这样的想法其实是因为他们总是沉浸在自己的世界当中，不去关注周围的人。

因此内向型的人会讨厌一直迈不出第一步，处于紧张状态而无法融入大家的自己，会向往成为一个性格外向的人。

自我意识强烈的人容易消耗内心能量

内向型的人，由于神经时常处于紧绷状态，所以为了保持内心的安定会极力避免外界刺激。因此他们在待人接物的态度

上难免会有些消极。

与此相对，外向型的人在某种意义上有些迟钝，会极力追求新鲜刺激，因此在人际交往过程中表现得非常积极。

正因为这种差异，热衷于建立人脉、广撒关系网的性格外向的人才会更容易在集体中脱颖而出。相比之下，内向型的人在集体中的存在感则很低。这种局面的形成其实与"自我意识的强弱"有很大的关系。

不断审视自己的内心世界的人，通常拥有强烈的自我意识。

正如大家所知，人类与动物的区别之一就是：人类具有自我意识。意识是每个人都有的，但如果自我意识太强，就会过于在意一些不必要的事情，消耗自己内心的能量。

你有没有发现，在这个世界上，有时无所顾忌和做事敷衍的人，反而能够获得利益。

对于那些自我意识强烈，不愿意耍小聪明的人来说，散漫、处处迎合别人的人却能够有所成就的这类现象令他们感到厌恶。

因为讨厌这种情况，在强烈的自我意识的驱动下，内向型的人会经常自我反省，希望自己不会变成自己厌恶的那种人。因此一旦发现自己因为一些利害关系而变得较真，就会立刻沉静下来，迅速调整自己的心态。

而外向型的人不怎么自我反思，也不会觉得改变自我主张是一件丢脸的事，他们会集中所有精力解决现实问题。但恰恰是这种方式更容易在现代社会中取得成功。这种情况下，自我意识强烈的内向型人群就会很容易吃亏。

有强烈的出人头地的欲望、在会议等场合上展现自我才能、对上级阿谀奉承、为建立人脉绞尽脑汁的人，多半是性格外向的人。因为只有不会审视自己的人，才能够毫无顾忌地做出这些事情。

而经常自我反省的性格内向的人则不同，因此很难做出这样的事情。

而且，强烈的自我意识并不局限于伦理层面，从一些日常不经意的行为中，也能看出强烈的自我意识痕迹。

比如，内向型的人在碰到眼熟的人时，本想上前去打招呼，但又犹豫：

"要是认错人了怎么办？"

"我在这种地方跟他打招呼，会不会给他添麻烦。"

这一犹豫就错过了打招呼的机会，错过之后又开始担心：

"他会不会误会我无视他？"

外出购物的时候也是，看着周围熙熙攘攘的人群，想要拨开人群去拿自己想买的东西，却觉得：

"那么失礼的事我可干不出来。"

最终错过了呼叫店员的时机，想买的东西也没能买到，只能灰溜溜地回家。

像这样<u>自我意识过于强烈的话，会过度消耗内心的能量。</u>

虽然有些人会认为这不过是在白白耗费心理能量罢了，但我认为思虑过多也是人性的一种体现。如果只是高效率地做一些机械化的事，那人类和机器人又有什么区别？

细心多虑，心路曲折，是内向型的人特有的能力。这种能力让外在世界中平平无奇的日常琐事，因为自我意识而产生波澜壮阔的心理活动。

也正是内心的充盈，让我们的生活变得多姿多彩。任何动物都可以凭借本能在外在世界中行动自如。而能够在非现实的、想象的世界中遨游，才是人类的独特之处。

因此，比起世俗意义上的成功，内向的人更追求内心世界的充实，这正是他们过着与动物不同的、真正人类生活的证据。

虽然从世俗的眼光来说，因为强烈的自我意识而苦恼、消耗自己内心的能量，似乎是一种损失。但想到这才是人类独有的体验，是否又觉得不那么痛苦了呢？

第三章

那份疲惫或是来自隐性内向？

隐性内向的人增加

说起具有内向型人格的人,大家的脑海里是否会浮现出一个看着十分腼腆,身处公众场合会紧张不安,不愿或拒绝与人交往的人物形象?

有些人虽然隐约觉得自己有些腼腆,身处公众场合时也会有些紧张,但并不会刻意回避人际交往,甚至还会积极地结交朋友、在酒局上担当活跃气氛的"开心果",这样一来,这类人就会认为自己的性格并不内向。

但正如我在序言中所写的那样,符合这些特征的人当中,其实有相当一部分都是性格内向的人。

因为深知只有表现得外向才能更好地适应社会,所以一部分能够在某种程度上控制自己行为的内向型人,常常会勉强自己表现得很外向。

那么,要如何判断自己究竟是真的性格外向,还是表现得外向的"隐性内向"者呢?判断标准之一就是:是否在与人相处时内心有勉强自己的感觉。

在和大家一起吵闹欢笑,度过了愉快时光之后;在告别大家，独自乘上电车时；或是回到只有自己一人的小屋时，是否会产生一种疲惫感？

如果你曾经有过上述感触，那就说明你曾在和大家相处的过程中勉强过自己。很有可能你就是本书中所说的：<u>本来性格内向却努力表现得外向的"隐性内向"者。</u>

酒局后陷入自我厌恶的消极情绪中

勉强自己做不擅长的事往往是"隐性内向者"的一个鲜明特征。就像他们明明不喜欢酒局等社交场合，却还是会强迫自己融入大家，努力扮演那个活跃气氛的角色。因为他们知道在酒局上表现得太过拘谨，会让大家都放不开，所以宁愿勉强自己，也不会让其他人难堪。但当这"一群人的狂欢"结束后，他们又会开始后悔：

"刚刚我是不是过于放飞自我了？"

"大家没有被我吓到吧。"

"我是不是闹过头吓到别人了？"

有这种感受的人很有可能是一个"隐性内向"者。

因为性格外向的人，早就能靠他们高效的"探测雷达"探测周围人的言行举止，并根据大家的反应做出适当的回应了。

而原本就性格内向的人，因为自身的"探测雷达"不够高效，所以明明想要轻松表现最终却太过拘谨，明明想要保持分寸最终却放飞自我。他们常常把握不准社交场合中的表现尺度，无法根据社交场合做出适宜的反应，最后陷入自我厌恶的消极情绪之中。

> **不想参加尽是初次见面人的酒局，是"隐性内向"作祟？**

有些人在公司与同事相处融洽，也很享受和同事一起出去喝喝茶、喝点儿酒聊天的闲暇时光，但一遇到那种尽是陌生人的社交场合，就会因为过于敏感而疲惫不堪，所以他们从来不会想要主动参加没有熟人的联谊会。如果你也有同样的感受，那么你多半也是一个"隐性内向"者。

因为性格本就外向的人，即使是面对陌生人，也能很好地感知现场气氛，非常自然地与对方相处。不会左思右想一些诸如：

"应该跟他聊些什么话题呢？"

"这样说会不会太无聊了？"之类的问题。

而性格内向的人在与不熟悉的人相处时，因为思虑过多，反而很难开口，因为过于小心，反而无法享受结交新朋友的乐趣。这样一来，他们就无法在人际交往中展现出真正的自己，分别后又会陷入无尽的焦虑：

"我刚刚表现妥当吗？"

"我没有说一些奇怪的话吧。"

回想一下，如果你也曾有过同样的经历，那你有可能就是一位"隐性内向"者。你可以在阅读后随时回顾自身经历，做出进一步的判断。

你是会主动邀请别人一起玩耍的类型吗？

愉快玩耍中的孩子们仿佛置身于无忧无虑的童话世界。但是，回顾自己的孩提时代就会明白，即便是孩子，也有属于孩子的独特烦恼。

特别是内向型的孩子，因为从小就很难融入周边环境，所以往往顾虑很多。

而外向型的孩子无论对谁都毫无顾忌，能够轻松邀请对方："我们一起玩儿吧。"反观内向型的孩子，他们会在意：

"我跟他打招呼的话，会给他添麻烦吗？"

"他们会不会拒绝我的邀请？"

因为顾虑很多，性格内向的孩子就无法做到和性格外向的孩子一样，轻松地邀请别人和自己一块儿玩耍。

从被邀请的一方的角度来说也是如此。能够主动来打招呼的孩子更容易获得好感，让人感到亲近，因此外向型的孩子总能马上交到朋友。

而那些无法主动示好的孩子，哪怕在朋友看来也是难以接近的，所以内向型的孩子总是很难结交新朋友。

性格外向的人从小就容易受欢迎

性格外向的孩子，不会考虑过多，跟谁都能积极地对话，和老师说话时也不会紧张扭捏，因此能够迅速融入班级，也能得到老师的宠爱。

而内向型的孩子因为思虑过多、不太会主动与别人打招呼，因此融入班级需要花很长时间。特别是面对老师时，总是一副怕生的样子，无法像外向型的孩子那样与老师亲密交谈。而老师也无从得知他们的内心想法，所以很难与他们熟悉起来。

老师毕竟也是普通人，也会觉得主动亲密地与自己搭话的孩子更容易相处、更加可爱吧。

像这样，外向型的孩子无论是在幼儿园还是在小学，都能很快适应新环境，交到新朋友，也很受老师的喜爱。因此，内向型的孩子会非常羡慕外向型的孩子，会希望自己也能成为那样的人。

这时，动力足、能力强的孩子，即使本身性格十分内向，也会努力改变自己，让自己变得像外向型的孩子一样，能够积极地与人相处。

这就是"隐性内向"这一性格诞生的开端。

"隐性内向"的孩子，为了和周围的朋友顺利相处，为了能够更快地融入班级，即使内心多少有些害羞、不情愿，也会下定决心，鼓起勇气主动和朋友打招呼，努力讲笑话活跃气氛，用开玩笑的方式拉近跟大家的距离。虽然具体采取什么样的策略要取决于每个孩子的自身性格，但不管怎样，他们都会勉强自己表现得像外向型的孩子一样。

或许一开始做这些时他们需要鼓足勇气甚至勉强自己，但在努力的过程中，他们会逐渐习惯外向型的行为模式。也就是从这时开始，内向型的孩子逐渐意识不到自己是个内向的人，这便诞生了"隐性内向"。

可即便是这样，他们骨子里的内向特质其实还是没有完全消散的，因此总会因为在某些地方勉强了自己而倍感疲惫。

这是幽默的孩子更受欢迎的时代

我们对自己的认知，其实很大程度上来源于别人对我们的看法。

例如，如果你的朋友总是微笑着跟你打招呼或者邀请你一起出去玩，那你就会认为自己"被朋友喜欢""朋友很多"。

要是鲜有朋友跟你打招呼，也没什么人邀请你一起出去玩的话，你就会对自己抱有"不擅于和朋友相处""没什么朋友"的印象。

也就是说，我们是否对自己的社交能力充满自信，取决于身边人的态度。这也是我们在意别人怎么看待自己的原因。

越是被人喜欢，自己就越是自信，反之则会渐渐丧失自信，甚至变得恐惧社交。

最近有位年轻人因为交不到朋友来找我咨询：

"我也不是不擅长与人交流，但就是对自己丧失了信心，因为我没有让人开心的自信。

"大家都喜欢有趣的人,而我总是很死板,身边的人也从不觉得我是一个幽默的人。所以我开始尝试说一些有趣的事,没想到总是冷场。果然,我就是这么一个无趣的人。我这样的人,总有一天会被身边的人讨厌吧。好想变成一个有趣的、可以把大家都逗得哈哈大笑的人啊。"

话虽这么说,可不善言辞的人想要摇身一变,瞬间成为一个能说会道的社交达人,这根本是不可能的事。

其实每个人都有自己的闪光点,总有一种专属方式能够让自己绽放魅力。而这位年轻人的症结是:明明是一个认真且稍显严肃的人,偏偏期待自己成为一个"有趣的人",这才让他苦痛万分吧。

还有一位年轻人来找我咨询的时候也说到了同样的问题。他说:

"我总是交不到朋友,虽然很想结交新朋友,但又十分担心别人不喜欢自己,因此不敢主动地跟别人打招呼。如果被对方无视、拒绝的话,最终伤心的还是自己,而且哪怕去搭讪跟对方成为朋友了,他们跟我这么无聊的人在一起也不会觉得快乐,这么一想,就越发不会主动了。幸运的是,正当我踌躇无措的时候,有位同学主动跟我搭话,后来我们成了朋友。当时我真的开心极了，可时间一长，我又开始担心起来，这才来找您商量。"

他还说：

"虽然交到新朋友觉得很开心，但是我很担心跟他的下一次见面。最近这几天我变得连学校都不敢去了，就是因为害怕碰到他。因为我担心，好不容易交到的好朋友如果发现了真实的我是一个这么无聊的人，那他会不会讨厌我呢？所以我的心情一刻也无法放松，一想到不知该以何种姿态和他相处，整个人就紧张到不行，也就开始害怕跟他见面了。如果交朋友是一件这么令人心累的事，那是不是没有朋友比较好呢？"

这位年轻人之所以会出现这样的情况，是因为他太在意他人如何看待自己了。他不知道应该如何表现自己，担心一旦跟对方成为亲近的朋友，就会不小心暴露真实的自己，让朋友觉得自己奇怪或是无聊至极。思来想去、敏感过度，最终只得从人际交往中仓皇而逃。

现实生活中也有很多饱受同样心理压力之苦的人，只是不似文中所提案例这么极端罢了。

💬 只因不善言谈，便低人一等？

精神科专家斋藤环曾在一次与社会学家土井隆义的对谈中

提到，他非常关注年轻一代过于看重沟通能力这一种极端的社会现象。

他在文章中写道："仅仅因为不善言谈就受到非人的待遇，这种现象在当今社会已经达到一个前所未有的水平。……如果过分强调沟通能力的话，那一个人的其他闪光点（比如学习好、运动能力强、有文采、会画画等）就难以获得认同。"（斋藤环、土井隆义，《年轻人的人设化与校园霸凌》，《现代思想》2012年12月临时增刊号）。

此外，斋藤还指出，极端情况下，仅仅因为不够幽默就会被别人看不起。

对此，土井也在文中如此评价：

"对于成年人来说，良好的沟通能力也许是懂得如何理解他人和巧妙表现自己的能力，而对于孩子来说并不是这样的。对他们来说，良好的沟通能力是一种能够敏感察觉当下场合的氛围、不突出表现自己的能力，是能够根据场合巧妙地改变自己人设的能力。如果你无法做到，那就可能会成为校园霸凌的对象。"

早就有人说过，学校里的"人气王"已经不再是成绩好或是运动能力强的孩子了，而是最有趣的孩子。

确实，现在的年轻人的对话方式，就像是搞笑艺人在拍摄综艺节目一样。大家都在搞笑，整个现场都洋溢着欢声笑语。

在这种情况下，能说出有趣的话或是能很快做出有趣反应的孩子，也就是"幽默的孩子"更能成为全场的焦点。

也正因为身处这样的时代，内向型的孩子才会为了融入周围环境，为了取得周围人的认可，而不得不提高自己的沟通能力，勉强自己讲一些笑话。他们日常承受着"我必须要变得幽默"这种巨大的心理压力，迷失在讨好别人的笑话之中。

为了获得成功，你必须表现得外向

如果说在学校受欢迎的是幽默有趣的孩子，那么进入社会后需要的就是拥有良好的沟通能力、积极向上、富有挑战精神、执行能力强、工作动力足的人。

因此，从小我们就被耳提面命：步入社会后，要锻炼自己的沟通能力，多积累一些人脉，找机会好好表现等。的确，在当今社会，和谁都能迅速打成一片的人是最受欢迎的。即使能力平平，但只要会吹嘘表现自己，就有可能获得机会。反之，认生、不善社交、羞于表现自己的人，则很难昂首挺胸、自信满满地走向社会。

显然，这对内向型的孩子来说是十分不利的。

我们正处在一个连学校课堂都在磨炼演讲技巧的时代。如果你还认为应该先多学习知识充实自己，再学习如何将自己的想法巧妙表达出来的话，那你将被时代的潮流所淹没。

身处这个推崇高执行力和挑战精神的时代，如果你还在自己不擅长的领域面前踟蹰不前、为了理清逻辑思虑万千、为了缓解焦虑而准备周全的话，毫无疑问，你的行动速度就会慢人一步，你也很有可能因此被打上无能的标签。

同样，比起反驳自己的人，大家都喜欢附和自己的人，所以有时一些不负责任地随口说说、毫无计划却轻易承诺他人的人反而被重用，也更受好评。

在这个重视速度与效率的时代，如果你还是一味执着于诚实、高质量、细致的工作的话，很可能会让你陷入停滞不前的境地。

意识到这些之后，<u>有能力的内向型的人，会学着像外向型的人一样，发挥自己的沟通能力，适度社交，适度地表现自己，锻炼演讲能力，提高执行力，积极挑战未知领域，高效率地完成自己的工作。</u>

做到这些的确能够促进内向型的人适应社会，更圆滑地处理工作与人际关系，但在这个过程中，内向的人不得不将内心的那份细腻、慎重、面面俱到、对人际关系和工作的谨慎态度等束之高阁，所以多少会因为勉强自己而感到压力，心中的疲劳感总是挥之不去。

好累啊……

因为性格内向而自卑

内向型的人深知外向型的人才能更好地适应社会，因此，他们总是深陷于自己的自卑情结之中。

的确，比起被别人评价"你真是认生又孤僻"，似乎听到"你很懂人情世故，擅长交际"心情会更好。

同样，比起被别人说"你对待任何事物都容易焦虑、态度消极",听到"你对待任何事物都很从容、态度积极"这种话更觉得受到了肯定。

再者,比起"你做事还蛮花时间的",还是听到"你的执行力好强!"这种话更让你振奋吧。

像这样,性格外向是优势的价值观在现代社会中蔓延。生活在这样一个社会环境中,内向型的人难免会因为自己的性格而自卑。

因此,生性内向的人会竭尽全力地表现得像外向型的人一样开朗。这也就是所谓的"隐性内向"。

那么,具有内向型人格的人一定要努力突破所谓的"性格短板"转向外向型人格吗?其实不然,我们不要忘记,每个事物都有两面性,外向型人格有好的一面必然就会有不好的一面。

比如,内向认生的人一生中会有几个亲密无间的知己,而社交达人们因为要跟很多人相处,所以很少有能够交心的朋友,性格外向的人与朋友之间的关系往往会浮于表面,不够深厚。

又比如,遇事容易焦虑看似是一件坏事,但其实有很多人正是因为其容易焦虑的性格,才能将万事准备周全,将工作完成得更加出色。反而是感受不到焦虑的那些人，即便是积极地推进工作，也有可能因为准备不足而达不到预期的效果。

做一件事情之前要花很长时间准备，不是恰恰说明他们很慎重吗？相反，执行能力很强，是不是也意味着有时思考问题过于简单轻率了呢？

这样想来你是否就能豁然开朗，其实你完全没必要因为自己性格内向而感到自卑，最重要的是关注自己内向性格中好的一面。关于这一点，我会在第六章中详细介绍。

就因为独自吃饭被大家嘲笑落单？

你是否有过这样的经历？因为觉得一直处于社交状态真的很累，希望至少午休时间可以自己一个人静一静、放松一下，于是便独自一人去了公司食堂吃饭。可不知为何总有人一脸的不可思议，在背后悄悄地说：

"他怎么老是一个人吃饭，是不是没有朋友啊？"

因为不想被同事们打上"没有朋友"的标签，所以有时会选择出去吃，可没想到还是会听到旁人议论的声音。

工作时间必须要跟大家待在一起，那至少午休的时候想一个人放松一下，比如去咖啡厅里坐坐、天气好的话散散步。但是被人在背地里议论是落单的话，心情就完全不能因为独处时光而得到放松了。

只要独自一人待着，就会被认为是落单，是没有朋友的孤独人，这种社会风气其实早就已经存在了。

我记得在日本有段时间，大学生"厕饭"成了被社会广泛讨论的话题。一些大学生觉得一个人去学校食堂吃饭是很丢脸的行为，会被认为是没有朋友的可怜虫。即使买便当在教室或是学校花园的长椅上坐着吃，只要是独自一人，就还是会被认为是被朋友抛弃的落单者。为了躲避独自吃饭时周围人投来的那令人痛苦的视线，他们不得不躲进了厕所隔间就餐，这就是所谓的"厕饭"。

这到底是一个传言还是确有其事，我不得而知。其实在我任教大学的厕所里也偶尔会出现一些空的便当盒，我不知道这是不是某个学生的恶作剧。但可以肯定的是，"独自一人是一件悲惨的事"这种感受，的确在年轻人中广泛传播。

这种价值观的泛滥，让有些大学生十分害怕独自行动。如果没有同伴，他们宁愿旷课也不会走进教室、不愿一个人去食堂就餐，甚至有学校专门雇心理咨询师陪学生一起吃午餐。这样的现象其实是不正常的，而这个问题直到现在都还广泛存在。

比如，参加工作后的年轻人，在午休的时候如果没有人陪自己一起吃午餐，心情就一直平静不下来。不管是去员工食堂还是出去吃，都会和同伴一起行动。

因为他们内心总有这样的想法：

"一个人吃饭看起来太惨了。"

"我才不想被别人认为是个没有朋友的可怜虫。"

外界的看法加上自己的介怀，使得他们不管什么时候都要和同伴待在一块儿。如果经常一起做伴的同事调休或是出外勤了，就会叫上其他部门的伙伴一起，总之就是无论如何都要保证自己不落单。

社交软件助长"落单恐惧"之风

助长了年轻人心中"独自一人不光彩"的感受的正是当今发达的社交软件。

据说现在有很多新生，会在入学前早早地和被同一学校录取的学生在社交软件上取得联系，约好在离学校最近的车站处碰面，一起去参加入学典礼。

他们很早就开始处于"独自一人很悲惨"的恐惧之中，所以拼命地寻找一起参加的同伴。其实，开学当天大家都还互相不认识，一个人参加开学典礼明明是一件非常正常的事，但他们还是会被"落单恐惧"的社会风气所束缚。

而这种现象也广泛存在于公司之中。在入职的那天，有些新员工同样会通过社交软件约好在离公司最近的车站见面，然后一同去公司。参加新员工大会时，因为担心以后自己会独自一人，所以在会上努力结交朋友、与其建立联系。

他们就是这样如此惧怕独处，害怕被人认为是"孤家寡人"。

那么，他们是否满足于这种拼命建立起的联系呢？答案是不一定。因为对方不是与自己有深厚交情的同伴，相互之间并没有感情基础。

这样的同伴并不是通过日常的相处和了解，筛选出的与自己性格相投或价值观相近的人，而是因为需要，临时凑出来的"友情"，因此并不一定能和自己成为志同道合的朋友。

要维持这种表面朋友的关系，对于内向型的人来说应该会承受很大的压力。但是，为了避免被别人嘲笑落单，他们只能勉强自己继续维持。可长此以往，性格内向的人很容易被这种矛盾的心理状况弄得疲惫不堪。

内向型的人会根据场合表现得判若两人

正如前文所述，大家可能会认为内向型的人总是沉默寡言，但其实并非如此。

外向型的人能够迅速融入新环境，而内向型的人要花很长时间才能适应一个不熟悉的环境，但这并不代表他们时刻都"格格不入"。

其实，内向型的人只是在陌生环境中显得比较拘谨而已，一旦身处熟悉的环境，他们还是能够表现自如的。

外向型的人，即使身处陌生环境、周围都是一些不认识的人，也能迅速和他人打成一片，就像是跟多年好友相处时般自然。

而反观内向型的人，虽然他们会十分在意和朋友相处时的分寸，但跟知心好友待在一块儿时，会平静放松，能够自然与对方说笑、相处。可一旦周围有了不熟悉的人，他们就会开始紧张，表现得十分拘谨。

换句话说，内向型的人在面对熟悉的朋友和陌生人时，会处于两种截然不同的状态。

因此你会发现，有些人在不熟悉的陌生环境下紧张拘束，在熟悉的场合下却十分活泼，是大家的开心果。所以并不是说性格内向的人就一定是安静、沉默的人。

综上所述，内向的人在熟悉的场合跟不熟悉的场合下可能会给人留下完全不同的印象。

在聚会上活跃到引人侧目的人，实际是性格内向的人？

内向型的人还有一个特点就是，不擅长根据场合采取与之适宜的行动。

在本章的开头部分，我就举出过因为在联谊会上活跃过头，清醒过来后陷入自我厌恶的消极情绪的事例。在旁人看来，那些能在大家面前放飞自我，甚至表现得过分活跃的人，不可能是性格内向的人。但事实是，这种人恰恰可能是内向型的人，因为他们表现出来的性格特征，正是"隐性内向"的特征之一。

有内向型倾向的人，当身处酒局之类除亲朋好友外还有陌生人参加的场合时，一方面会手足无措，不知道如何表现才好，心情异常紧张；另一方面又觉得在这种场合上表现得太拘谨也不好，应该适当地附和大家。

当他们因为想要融入环境而努力表现时，又容易把握不好尺度导致活跃过头，甚至引起大家的反感。

而与之相对的，外向型的人，在需要他们表现严肃的时候，能够认真严肃得恰到好处，不至于太过死板；在酒局宴会等场合也能适当地放松，根据场合的需要，自然地切换自身行为模式。

从这个例子其实也能看出，并不是说内向型的人就一定是个性拘谨、沉默寡言的人。

现代社会轻视了内向型性格的价值

性格内向的人应该会觉得，生活在现在这样一个时代是很艰难的吧。

因为随着消费型社会的不断升级，我们被要求在工作中迅速捕捉并应对消费者或合作商等客户的需求。

总之就是不管做任何事都要重视速度，做事不能拖沓，更不能思虑过多，要注重行动力、执行力。

如果顾虑太多，就会让自己在竞争中处于弱势，所以要积极地自我推广、自我营销，在自我宣传上多下功夫。

同时，如何进行展示也变得十分重要，因此我们经常被要求锻炼自己的演讲技巧。

除此之外，活用人脉也至关重要，要建立更广阔的人脉关系，就不能畏首畏尾，要积极地投身社交。

这些现代社会要求大家必须做到的，都恰好是外向型性格的人所擅长的，内向型的人则很难做好。或者说，他们内心对这些做法有抵触情绪。

比如，内向型的人会认为慢工出细活，做出任何决定之前都应该经过仔细思考。因此，当他们看到那些不怎么思考就莽撞行事的人，会担心他们因为草率的行动出问题，会觉得还是慎重一些好。

看到那些只知道自我吹嘘的人，会想有这时间不如多学一点知识好好打磨自己，他们根本不会想要去学习并成为那种类型的人。

还有那些空有一肚子演讲技巧的人，明明内容才是最重要的，他们却花费很多工夫在这些花里胡哨的"面子工程"上，最终让整个演讲都浮于表面。其实，技巧只要过得去就行了，最重要的还是要充实内容，务实比表面功夫更重要。

每当有人说人脉对工作的顺利推进有多么重要时，内向的人都会认为，以对自己的工作是否有利用价值来决定是否与这个人交朋友，那未免也太功利了。对他们来说，比起社交和人脉，人与人之间纯粹的交往与信赖关系才是更重要的，他们十分抵触以利用价值来选择交往对象的方式。

说来也是，日本人本就以工作态度认真细致、诚实守信而闻名。这种重视速度、性价比、表面形式的时代风潮却催生了更多敷衍粗糙的工作态度。这是不是一种本末倒置？从这种角度上我也认为，是时候应该重新审视、认可内向型性格的价值了。

性格内向并不丢脸

经过上述分析你应该已经非常清楚了吧，即使你是内向型人格的人，也完全没有必要因为自己内向的性格感到自卑。

因为性格内向的人与性格外向的人对待同一事物本来就会有不同的关注点。

与着眼于事物进展的外向型相反，内向型的人会更注重坚持自我。

另外，外向型的人能够迅速感知周围人的动向，并调整自己与之保持一致，而内向型的人则更执着于自己真正想做什么，应该做什么。

随着社会的发展与成熟，越来越多的人认为同样是一生，与其为了生存而工作，倒不如按照自己的意愿活出自我。

不断反省自己、认真思考自己真实的想法、自己能接受什么、自己究竟想做什么，这样的生活态度对于实现自我价值来说是不可或缺的。

也正因为身处这样的时代，我们才更有必要意识到内向型人格的价值。

正如我之前提到的，现代社会的人过于重视速度与高行动力，这种行为其实有一定的草率性和危险性，而内向型人对这种风险的感知性是非常宝贵的。

演讲展示也是如此，比起一味重视表面功夫，执着于提高演讲技巧，让整个演讲浮于表面来说，内向型的人重视内在的态度才更能促进自身的成长。

有些人会感叹退休后身边的人都纷纷离自己远去，其实这正是因为他们一直站在功利的角度上结交朋友的结果。

而内向型的人不追求所谓的广泛人脉，更看重朋友间深厚的信赖关系，才能超越利害关系，获得终身的挚友。

一味追求效率与性价比没有意义。内向型人执着于工作的本质、不会为了性价比而偷工减料的品质虽说不够精明，却正体现了日本人引以为豪的"匠人精神"。

有关内向型的价值，我会在第六章中再次进行说明，但至此已经十分明确的是，我们没有必要否定自己的内向型人格。

第四章

具有高敏感型人格的人大多性格内向

为自己的异常敏感而烦恼的高敏感人士

读到这里,有些人可能会感到疑惑:

"隐性内向的人表现出来的性格特征不是和最近热议的HSP(高敏感人士)一样吗?"

高敏感人士(Highly Sensitive Person)与高敏感儿童(Highly Sensitive Child)的概念最初是由美国的心理学研究者伊莱恩·阿伦(Elaine N. Aron)所提出的,大概从几年前开始,这一概念在日本广为流传。

而流传开来的契机是武田教授出版的一本书:《消除"过分在意的疲惫"的高敏感人士之书》(武田友纪著,飞鸟新社出版)。武田教授使用了"高敏感人士"这个让人容易产生共鸣的说法,让很多人都对此感触颇深。

有关高敏感人士的书能在日本引起广泛的关注,也正说明了日本有很多性格异常敏感的人。他们会因为一件很小的事感到在意、不安、失落、焦虑、烦恼,时常会认为自己"性格过于敏感,活得很累",会苦恼"这异常敏感的性格,难道就没什么办法改变吗?"。

高敏感人士是指对人、声音、光线等异常敏感的成年人，而与之有同样反应的孩子，我们则称其为高敏感儿童。

💭 每4个人中就有1个人从小就容易敏感

美国与英国的研究数据表明，**高敏感人士（或高敏感儿童）占世界总人口的20%～30%**。也就是说，平均每4个人中就有1个人是高敏感人士。

不过敏感也是相对的。比如与日本人相比，美国人给人的印象大多是心思不够细腻，大家通常会认为在美国不会有那么多异常敏感的人。但是，自己是否"异常敏感"，很大程度上取决于与周围人的比较。有些人可能会发现，在美国时明明觉得自己"异常敏感"，来到日本之后却发现"身边的人心思都太细腻了"，自己的这种敏感程度根本不算什么。

那么，敏感与性格内向之间有什么联系呢？

阿伦博士指出，高敏感人群中有七成都是性格内向的人。因为这种异常敏感及心思细腻的特质和内向型的心理特征的重合度很高。

接下来让我们一起来看看，高敏感体质到底有着什么样的心理特征。

高敏感人士的四大心理特征

阿伦博士用"DOES"模式总结了高敏感人士的一般共性:

1) D (Depth of processing): 深度加工信息

高敏感人士在行动之前会仔细观察并思考,所以他们往往需要花费较长的时间才能付诸实践。可即便因为行动太慢惹周围的人焦躁,也不会不经过周密思考就盲目行动。

2) O (Overstimulation或Overarousal): 易被过度刺激

因为对外界刺激格外敏感,所以即使那些刺激对旁人来说稀松平常,高敏感人士也会对此感到异常苦痛、异常兴奋或是异常在意。也正因为这样,他们会感受到比别人加倍的疲惫。即便是参加一些轻松愉快的聚会或旅行,也还是会因为自己过于敏感的性格而饱受压力,最终心力交瘁。

3) E (Emotional reactivity and Empathy): 情绪反应强烈,富有同理心

因为很容易产生强烈的情绪反应,所以高敏感人士遇到一件很小的事也会心情沮丧,感到痛心。而这种强烈反应不光是针对自己,对别人也是一样,因此他们很容易理解别人的心情与内心的痛苦,有很强的同理心。

4）S（aware of Subtle Stimuli 或Sensitivity）：感知细微之处

高敏感人士的感官特别敏感，所以经常能注意到别人忽略的一些小事。他们不光对声音、光线等环境要素或是T恤衣领处的干洗标签等物理刺激敏感，同时也十分擅长发现人语调上及表情上的细微变化，因此能够迅速感知并理解他人的心情，这一点和E所指代的同理心有共通之处。

内向型与外向型的心理特征

至此，让我们再来好好梳理一下内向型与外向型的心理特征。

所谓内向型是指心理能量走向自己的内部，对自我的关注比较强烈，与内心世界有着丰富的沟通交流，重视自己内心的感受，以主观因素为基准行动。

心理学研究表明，内向型的人很难转移注意力。但同时这也意味着他们做事集中专注。

但内向型的人往往太注重自我感受，所以一旦经历一些消极的事，就很难从由此引发的负面情绪中走出来，也因此变得容易意志消沉、沮丧。

在做任何事之前，他们最先考虑的就是自我感受和切身想法，不愿意勉强自己去迎合他人意愿与社会风气。

也因为不擅长捕捉外在世界的动向，他们看起来总是一副拒人于千里之外的姿态，在适应现实社会上会觉得很辛苦。

对于这种内向型的人来说，陌生的人和场合总会令他们感到莫名的恐慌，容易觉得焦虑和不快。只有在自己熟悉的"保护壳"内，他们才能保持轻松愉快。

因此他们交往的对象仅限于能够共享内心世界的极少数亲密朋友，对于其他的人则会极力避免交往。

他们十分抗拒参加一些尽是陌生人的社交场合，因为他们不知道应该怎么办，不知道要怎么同别人交流才好。所以在这种场合下，他们只会觉得压力很大且处境尴尬，明明应该是开心的场合，最终却因为自己过度敏感，心情一刻也无法放松，甚至会感到"窒息"。就像我在前文中提到的，长此以往的结果就是，只要一想到要参加聚餐或联谊会就心情沉重，最终选择不去参加。

相较之下，外向型的特征是内心能量走向自己的外部，对周围的人和外界事物关心强烈，能够很好地回应周围的期待，把握自身处境以及世界动向，是以外在条件为基准行动的类型。

心理学的研究结果也表明，<u>比起内向型的人，外向型的人</u>

在应对来自周围的刺激时可以更加主观能动地发挥自身反应机制，在有关反应机制的课题上表现得也更好。

研究结果还表明，**内向型的人一旦将注意力集中到某个特定的对象上后，就很难将注意力转移开来。而外向型的人则能很好地切换注意对象。**

在做任何事之前，外向型的人首先考虑的就是外在因素，比如身边的人对自己抱有何种期待，这种情况下做出什么样的反应才是最合适的等，至于自己到底是怎么想的则并不是很在意。

但这并不代表他们在刻意压抑自己的内心感受。他们的心门在对外在的现实世界打开的同时，并不对内心世界开放，因此他们不太在意自己的需求与情感。

所以，有时候有些事情他们以为是自己想做，其实早在不知不觉中就跟随了他人的意愿与时代的潮流，受到了这些外在条件的制约。

但是毋庸置疑，这种愿意随大流的态度是有助于外向型的人更好地适应社会的。因为他们能够敏锐感知周围的动向并自然而然地参与其中，所以与周围的矛盾也很少，跟谁都能打成一片。

不管是什么样的场合都能自然融入其中，不管面对什么样的人都能与之友好相处，这可以说是良好适应社会的典范了。

但是，无视自己内心的蠢蠢欲动与主观感受，只是一味

第四章　具有高敏感型人格的人大多性格内向

外向型
- 直率
- 善于迎合他人
- 不会闷闷不乐
- 无论任何情况都能很快适应
- 稍显轻率

内向型
- 容易犹豫
- 常常自省
- 被动
- 畏首畏尾，不易敞开心扉
- 认生

性格大部分由遗传决定

明明看上去是性格外向的人，其本质却是内向型。

好累啊……

实际上是内向型

＝

隐性内向

099

地迎合他人，时间久了他们就很难感知到自己到底想要的是什么、究竟想做些什么了，很容易迷失自我。

因此，很难说哪种性格更好一些。内向型的人容易产生不能适应社会等问题，而与之相对的，外向型的人容易因为过度适应社会而迷失自己。

对于外向型的人来说，比起他人，似乎更加捉摸不透自己，那陌生的自己让人不安。

这样一来我们可以发现，内向型的人会因为来历不明的陌生人而感到害怕，因此极力避免和陌生人交流；但外向型的人会为了避免直视那陌生的自己，而让自己淹没在和众人的交往之中。

综上所述，内向型人格的特征是与独立的内心世界有紧密联系，能够深入思考。而外向型人格的特征则是与外在世界有着紧密的联系，活动范围广且行动能力强。

这样说来，高敏感人士与内向型人格之间确实有很多重合之处。

性格内向的人与高敏感人士不为人知的强大力量

阿伦博士举出了以下三个事例来说明高敏感人群的性格特

征——对他人不在意的小事异常敏感，容易积攒压力。

"一、大部分人都能正常应对警笛声、刺眼的强光、奇怪的味道及杂乱的状况等，而高敏感人士对此却异常敏感，因为这些因素会让他们的身体产生强烈的不适感。

"二、大部分人在逛了一天的购物中心或博物馆后，虽然很累，也能打起精神参加晚上的派对。但高敏感人士会想要独处的时光。因为情绪高亢容易让他们心绪混乱。

"三、大部分人在进入房间时只会将目光短暂停留在家具及周围人的身上，而高敏感人士能够迅速捕捉在场人的期待、心情、心怀好意还是敌意，注意到房间是否通风、现场氛围是否凝重等，若是房间内有插花，他们连插花人的性格都能想象出来。"（伊莱恩·阿伦著，片桐惠理子译，《我异常敏感的生活方式》，Pan Rolling股份有限公司）

在我看来，其中的第二个事例与性格内向者的心理最为相似。

除此之外，高敏感人士与性格内向的人还有很多心理上的相似点。在此，我想在阿伦博士提出的高敏感人士的性格特征基础上，运用我做心理咨询及意识调查积累下的经验，来总体梳理一下内向者和高敏感人士的强大力量。

（1）能够避免失败

他们遇事容易焦虑不安，所以做事之前会准备周全妥当，会反复确认这样做是否合适，因此能够有效避免失败。虽然行动较慢，但也可以说明他们只有经过深思熟虑之后才敢谨慎行动。

（2）注意力高度集中

虽然有时也会因为一点小事就动摇，但只要身处一个安静平稳的环境，他们就能沉浸于自己的内在世界，集中注意力做好手头上的事。他们的兴趣没有那么广泛，但这反而可以令他们更专注于某些特定的事情。

（3）能够温故而知新

他们对信息的处理有着很高的水平，能够对照过去的经验仔细研究事物，所以这些经验会深深地存在于他们的脑海之中，并在将来某一瞬间得以灵活运用。同时，他们对发生过的事非常敏感，会因为一些小失败而产生较大的情绪波动并对此记忆深刻，所以不会重复同样的失败。

（4）能够反省并改善自身言行

因为有过度关注周围人的反应、时常反省自己的言行举止是否恰当的习惯，所以他们能根据周围人的反应调整改善自身言行。

（5）善于体贴关心他人

因为对周围人的心情有敏感的反应，也很有同理心、共情能力强，所以他们不会只想着自己、随心所欲，而是充分考虑别人的心情之后再行动。

（6）能够在熟悉的环境下发挥力量

因为对外界刺激异常敏感，所以当身处新环境时，会因为过多的刺激而身心疲惫。不过，一旦他们置身于自己熟悉的环境，就能沉着应对，稳定地发挥实力。与做事只有三分钟热度、不断追求新鲜刺激的人不同，他们习惯在自己熟悉的场合下静下心来做事情。

内向型与外向型的大脑功能差异

提出了内向型与外向型两种人格类型论的荣格，曾指出一个人的性格是内向还是外向取决于遗传基因，但后来的研究表明，**内向型与外向型的区分源自大脑功能的差异。**

内向型人的大脑对刺激非常敏感，而外向型人的大脑对刺激的反应则很迟钝。因此，**对刺激异常敏感的内向型人的大脑会极力避免刺激，而对刺激反应迟钝的外向型人的大脑则会贪**

婪地寻求新的刺激。

内向型人格的人，其性格特征是，不擅长应付陌生环境，不喜欢与陌生人打交道。因为陌生的环境与陌生人充满了新奇的刺激，所以身处其中会让他们因为过于在意而疲惫不堪。

因此，他们的大脑在经受过刺激后，会释放出"我已经不需要刺激了"的信息，在接收了大脑的信息后，内向型人就会尽力避免生活中受到新的刺激。

相反，外向型人格的人会毫不惧怕地融入陌生环境，与陌生人也能轻松平常地交往并积极追求新的环境与新的邂逅。当日常生活的刺激已经无法满足他们的需求时，便贪婪地追求更多新的刺激。

因此外向型人的大脑通常会释放出"希望遇到更多新的刺激"的信息，这就促使他们更加积极地寻求刺激。

性格与遗传因素密切相关

行为遗传学研究证实，一个人的性格究竟是内向还是外向与遗传因素有很大的关系。研究中通常采用的是双生儿法。

所谓双生儿法，就是通过比较同卵双生儿和异卵双生儿的相似度，来了解遗传因素对性格的影响程度。

同卵双生儿是由一个受精卵分裂形成的两个胎儿，所以遗传基因是100%相同的。与此相对，异卵双生儿来自两个不同的受精卵，各自的遗传基因不完全相同，故形成的两个胎儿之间会有差别，遗传基因只有约50%的相似度。

由此可见，假若同卵双生儿之间产生了差异，那就是由环境因素造成的，而异卵双生儿之间的差异则是由遗传和环境两大因素造成的。

也就是说，如果同卵双生儿之间某种特性的相似度大大高于异卵双生儿的相似度，则说明遗传因素对这种特性的影响很强。反之，若两者的相似度并没有多大的区别，则说明遗传因素并不是影响这种特性的主导因素，环境才是。

应用双生儿法的行为遗传学的研究结果表明，除身体特性与大多数疾病跟遗传因素密切相关外，智力、学习成绩、个人特性及心理特征也跟遗传因素有着很大的关系。

接下来让我们来看一组研究数据。为了比对性格外向因素在每对双生儿之间的相关系数（双生儿类似度的指向指标），我们做了两组实验。在第一组的12777对双生儿的比对结果中，同卵双生儿的相关系数为0.51、而异卵双生儿的相关系数为0.21；在第二组的2903对双生儿中，同卵双生儿的相关系数为0.52、而异卵双生儿的相关系数为0.17。不管是哪组数据，同卵双生儿的相关系数都是异卵双生儿的2倍以上。因此可以说明，遗传因素对人的性格影响巨大。

综上所述，一个人是内向型还是外向型与遗传因素关系密切。

此外，遗传基因的相关研究也表明，外向型的人普遍有着强烈的好奇心，而这种心理的产生其实和神经递质——多巴胺有关。报告中的数据也显示，好奇心与多巴胺受体基因的序列类型之间存在关联。

这也再次证明，一个人的性格是内向还是外向与遗传因素密切相关。

日本人中性格敏感又社恐的人很多

据说大多数日本人都在意细节且神经质。

确实，比起日本人来说，我觉得美国人确实显得性格大大咧咧又比较乐天派。

且有科学研究证明，我的这种印象是没错的。

在应用双生儿法的关于神经症倾向（神经质的心理倾向）

的行为遗传学研究结果中，我们得出了与外向因素在双生儿之间表现出的相关系数相同的结果。在第一组的12777对双生儿的比对结果中，同卵双生儿的相关系数为0.50、而异卵双生儿的相关系数为0.23；而在第二组的2903对双生儿中，同卵双生儿的相关系数为0.50、而异卵双生儿的相关系数为0.23。同卵双生儿的相关系数是异卵双生儿的2倍以上，这也再次证明，遗传因素对人的性格影响是很大的。

因此我们可以得出结论，神经症倾向与遗传因素也是有关的。同时，基因研究表明，神经症倾向与血清素这种神经递质的转运体基因之间存在关联。在关于高敏感人士的遗传因素研究中也指出，血清素的转运体基因与过度敏感有关，这使他们在面对刺激时会做出更大的反应。

研究表明，很多日本人的基因中，都存在与社交恐惧有关的血清素转运体基因序列类型。

此外，研究还发现，很多美国人的基因中有与好奇心相关的多巴胺受体基因序列类型，而这在日本人中却几乎没有。

这样一来，可以说在日本人中，心思细腻又有着强烈社交恐惧的类型，也就是所谓的高敏感人士或内向型的人的确是比较多的。

当然，这只是统计数据。美国人中也有心思细腻、有社恐倾向的人，日本人中也有大大咧咧的社交达人，这一点是毋庸置疑的。

第五章

内向型的常见烦恼与应对措施

第五章 内向型的常见烦恼与应对措施

在前面的章节中，我指出了有些人会因为一些小事就心力交瘁，也许是源自"隐性内向"，也解释了"隐性内向"的性格特征。本章中，我将列举内向型人常见的烦恼并分析其应对方法。如果你曾在阅读前文时发觉自己"应该是一名'隐性内向'者"，那你就一定不能错过本章的内容。

因为内向型人的烦恼同样也是"隐性内向"者的烦恼，所以"隐性内向"者对下列烦恼应该也能感同身受，甚至与典型的内向型人不同，因为需要时常勉强自己表现得性格外向，所以日常所承受的压力更甚，对下列的烦恼感受也会更深。

接下来，请一边回顾自身经历一边阅读以下内容。

场景1 会议上不敢大胆发言

内向型的性格特征其一就是在会议等场合上不敢大胆发言。这一特征我在第一章中也曾描述过。

无论是发表意见还是提出问题，只要是需要发言的场合，他们就容易"过度分析"：

"我说这话不会太离谱吧？"

"问这种问题的话，大家会觉得很无聊吗？"

"这种讲话方式会不会有些尖锐？"等。

因为顾虑过多，反而错失了发言的好时机。

而且，心思极度细腻、敏感的内向型人，仅仅是预想到别人对自己的发言会有怎样的反应就已经极度紧张、心脏怦怦跳了，所以他们在下定决心发言之前往往会花费很长时间来做自我心理建设。

苦恼于自己无法在会议上大胆发言的人，跟我诉苦道：

"我觉得自己的工作能力也算出色，但一到开会我就变得哑口无言了。看着身边的人都能大方地发表意见、提出质疑、积极发言，这让我压力倍增，我想我也必须说点什么，可一紧张大脑就一片空白，什么都说不出来了。想说的话在脑海中不断徘徊，不觉间话题就已经进展到了下一个，发言的机会就这样从我眼前溜走。这样一来，就显得我对工作一点想法都没有。一想到给大家留下了一个无能的印象，就觉得自己很没用……"

如果是理解不了大家讨论的话题、跟不上讨论节奏或是想不到应该发言的内容，那问题就很具体了。只需要重新学习业务内容和公司现状，练习总结一下如何就近期社会局势发表自己的见解即可。

但对于大多数内向型的人而言，他们苦恼的并不是大脑空无一物，而是明明脑海中思绪万千，话在心里口却难开，因为想得太多而错过了发言的机会。

外向型的人也许理解不了这种想说却不敢说的心理，但"强烈的自我意识"与"追求完美"正是内向型人最显著的心理特征。

不愿因为一些不合时宜或无聊的发言招来异样的眼光，也不想因为一些错误意见或不明智的想法被别人看不起。既然要发言，那就要力求内容精确、观点敏锐。在这种心理的作用下，大胆发言反而变成了一件难事。

应对措施　放轻松，想想"其实大家没那么在乎你"

要知道，人们其实并没有你想象中的那么在乎他人。而且所谓会议，本身就是一个各抒己见、集思广益的试错场合。

如果大家提出的意见都是完美的，哪还有讨论的必要呢？"开会"也就变得没有意义了吧。

再进一步说，如果你的发言过于犀利，或许还会给人一种很难接近的感觉，让人敬而远之。稍显笨拙一些反而会让人更容易亲近。

而且，你冷静下来试着仔细回想一下参加过的会议，是不是鲜有发言会让你发出"好敏锐！"的感叹，大多数时候听到的都是一些无关紧要的话。这是因为大家在发言前也不会深思熟虑，只是把自己当下的想法说出来罢了。

有些人的发言听起来似乎很有说服力，那其实是因为他们掌握了说话的技巧，在陈述意见时，他们通常会从结论说起：

"我赞成这个提议，理由如下……"

"关于这个议题我有3个疑问。第一点是……"

像这种先提出论点再陈述意见的说话方式，的确容易让人觉得这个人的言论很有说服力。但只要仔细听就会发现，他们的发言其实也没有什么含金量。

还有些人即使突然被征求意见，也能毫不慌张地说出一些大道理。可实际上他们只是将问题点重新梳理了一遍，或是将问题的难点换个说法描述一遍罢了，并没有给出什么建设性意见。不过是利用高超的说话技巧煞有介事地将当下的现场氛围调动起来，让大家觉得他说的话很有道理而已。

这样说来，你是否就能放下心理包袱了？其实，你完全没必要要求自己一定要说出一些惊艳周围人的话。不管你说的是什么，会将你的话刻入脑海的人少之又少，大部分人对别人的话都是左耳进右耳出的，回想一下，你是不是也记不住会议上谁说了什么？所以，如果以后碰到一些需要讨论发言的场合，不要犹豫，想到什么就大胆说出来好了。

不过，你也不必为了发言而发言。如果没有出人头地的野心，就不需要提出一些犀利的问题惊艳众人，或是在会议上固执地坚持己见。总之就是用不着在会议上彰显存在感。

既然如此，就更没必要为勉强发言而焦虑、为没能发言而沮丧了。学会做一个旁观者，享受倾听他人发言的乐趣，就像欣赏辩论赛上那些辩手的表演一样，你只需沉浸其中就好。

保持轻松的心态，既然你追求的人生价值并不在此，那就不要将时间花费在这些毫无意义的精神内耗上。与此同时时刻谨记，别人没有那么多时间和精力用"放大镜"来观察你，所以不要担心，从今天起，做你自己。

场景 2 调动工作及转换班级时，需要时间适应新环境

当突然面临一个全新的社会环境，有些人能够迅速地融入其中，哪怕是跟初次见面的陌生人也可以毫无障碍地轻松交流。但也有些人会心生畏惧，和周围的人交流时也容易因为紧张而语言生硬。

后者的表现正是内向型人在这种情况下的常见反应，他们总是需要花费很长的时间去适应新环境。

因为无法快速适应而时常感到焦躁的人来找我咨询时说道：

"新入职的时候适应不了也就算了，就连因为人事变动，调职到同公司的另一个部门我都会紧张一段时间，心情一刻也无法放松。和我同期入职新部门的同事早已迅速适应并和周围的人打成一片，甚至跟上级领导都能谈笑风生了，而我却还像个新进职员一般，跟谁都感觉生分。不知怎么回事，总之我就是很难融入大家。"

你看，他说的不正是内向型人最常见的烦恼吗？这种难以迅速适应新环境的尴尬，很可能从小就有苗头。因为进入社会后很难快速融入新部门的人，往往在学生时代，在学校分班时

也会产生一种被冷落、没有归宿的感觉。虽然他们的大脑十分清楚地知道，自己的同桌就是一个同龄人，与其交流没必要紧张，但就是不知道怎么跟对方打招呼才好，也不知道该说些什么，所以在开口之前常常犹豫不决，导致久久无法与对方亲近。

从客观的角度来说，大部分人还是羡慕那些性格外向的孩子的，毕竟能够轻松地跟有眼缘的陌生同学搭话并且很快亲近起来是一件非常美好的事情。这时，与无法大胆跟别人搭话的自己一对比，内向型的孩子就容易产生一种自己很没用的自卑感。

但是，这些问题其实是能够通过时间来解决的。内向型人只是需要时间适应新环境，并不是不能适应。新学期伊始时产生的那股疏离感经过几个月，到暑假时就能明显感觉到逐渐消散。当你回过神时，会发现自己已经融入新班级，也交到新朋友了。

慢慢地融入新环境才是自己的处事风格。如果你能这么想，或许就不会觉得焦虑了。

应对措施　意识到这份憨厚才是成长的养分

与学生时代不同的是，进入社会后你无法再像孩子一样慢慢地去适应新环境。因为这关系到社会生存，良好的适应能力意味着更广阔的职业发展。所以当自己无法适应职场，无法在客户面前表现得成熟妥当时，就会十分紧张在意。

事实上，能够迅速融入新环境的性格外向的员工，的确更容易在职场上拓宽自己的关系网，也容易给上司留下一个好印象。

我们生活在一个高流动性的社会，岗位变动、调职、跳槽、更换合作企业等工作上的变动很多，这需要我们拥有很强的适应新环境的能力，而每当发生类似变动时内向型的人都会感到心力交瘁。

不过，内向型的人也不用对此过于担心。因为与学生时代一样，即使在工作变动时会有一种失落感，感到无所适从，但过一段时间就会发现，自己已经在不知不觉间适应了。

"慢热是我的个性"。这样想来，是不是就能耐心地等待自己适应的那一天了呢？

因为不能灵活地应对变化，在人际交往方面，内向的人会落后于外向的人也是人之常情。虽然为人处世不够圆滑，但只要认真努力地工作，也会被大家看在眼里，如果仅仅因为性格慢热就受到个别同仁的差别待遇，那这种人今后也没必要深交了。

在适应能力方面外向型人占有压倒性的优势，但也正是这超强的适应能力有时会让他们看起来没有分寸感，给他人留下负面印象。而相较之下，内向型的人性格老实且谦逊，因此比较容易获得他人的信任。

在从事营销工作时，内向的性格虽然对开拓新业务十分不利，但在与长期合作的客户建立良好的信赖关系方面却是十分有利的。

总之，请时刻谨记，不管遇到任何事情都要保持自己的节奏，不要急于求成，不要被外界所左右。面对一段新的人际关系，内向型的人即使不能很快适应，也能在长时间的沟通接触下，与对方构建出稳固的信赖关系。所以请牢记自己的这一性

挖掘内向优势：安静的闪光点

格优势。

场景 3　不知不觉就采取了防御的姿态

无法快速适应新环境的内向型还有一个性格特征：如果不能充分了解并认同周围的状况，就不会轻易地加入其中。

其实，我并不认为这种"不认可就不迎合"的态度是应该被否定的。相反，比起那些为了合群一味迎合他人的人，这种姿态更让人觉得有骨气，值得信赖。

话虽如此，如果在职场上感受不到归属感的话，还是会产生不自在的情绪，不知不觉间对公司的同事也会采取防御的姿态。

其实有些人也很清楚自己这方面性格中的劣势，但就是不知道怎么去改变。有人跟我说过：

"我不是争强好胜的性格，我不喜欢与人起争执，也很想快些融入身边的圈子。因为不融入大家的话就需要花大量的精力去处理人际关系，这会让我无法集中于工作本身。但在平时的工作中，我总是会注意到同事们的一些小缺点，比如工作方式有些敷衍、说话方式有些欠妥等，上级领导那'高高在上'的态度也让我很不舒服……这样的职场环境让我很难产生归属感，我也很苦恼，难道就没有什么方法让我能更轻松地活着吗？"

其实，他的心态也是大多数适应能力稍弱的内向型人常有的。这种情况下，有强大耐心的人还好，要是缺乏耐心则很容易因为自己适应较慢而沮丧，同时还会因为竞争对手能够快速适应而感到焦躁。这样一来，就容易产生一种否定周围人的心理，从而对他们采取一种防御的姿态。

这种行为可以用一个著名的心理学理论——"挫折-攻击理论[①]"来解释。挫折-攻击理论认为，所谓挫折就是当人根据某种愿望进行有目的的行为时，**由于内部或外部的阻碍会使需求的满足受到阻碍，这时，人类就容易产生攻击行为。**

因此也就不难理解，无法融入周围环境而产生的挫败感实际是因为其人际交往的需求无法得到满足而产生的，这种挫败

[①] 挫折-攻击理论（frustration aggression theory）亦称"挫折-攻击假说"。研究和解释攻击行为或侵犯行为的一种理论。美国心理学家约翰·多拉德（John Dollard）和尼尔·E. 米勒（Neal E. Miller）1939年在《挫折与攻击》中首次提出，1941年尼尔·E. 米勒予以修正。该理论假定，人类在遇到挫折时具有做出攻击反应的天赋倾向，并认为个体遭遇挫折后，其目标不能实现，动机得不到满足，必将引起个体对挫折源的外显的或内隐的攻击，而且认为攻击总是由挫折引起的。——译者注

感会让一个人更具攻击性。所以明明很想融入周围的环境，却违背自身意愿，摆出一副防御的姿态。

由此可以推断，一个人之所以会产生否定职场的工作氛围、同事和上级领导的消极情绪，追根溯源都是因为自己迟迟无法融入新环境。

应对措施　冷静审视自己的心理特性，放下偏见

比如，公司的部门领导有开早会的习惯。

对此，有人可能会用批判的口吻评价：

"这毫无意义，不是吗？"

可在职场中，不管是工作环境还是做事方式，不可能什么事都能如自己所愿，公司也不会因为某个人的一句抱怨就做出大刀阔斧的改革。每个人的思考方式和价值观都是不一样的，没必要为了一点小事引发争端。

所以当不满情绪高涨时，试着想一想：

"这也许是因为自己无法适应周遭环境而产生的焦虑心理引发的攻击性。"

这样一想，也许就没那么在意了。

内向型的人需要花时间才能适应所处环境，就像在家里隔

着小窗眺望世界一样,对外界总是充满了警戒心。当然,对未知保持警惕是一种基于防御本能的、很自然的心理表现。

但是,对于不熟悉的周遭环境有着超乎常人戒备心的内向型人会把这种状态放大,会将自己心中的不安投射到周围的人或事身上,把身边的人都当成实力强劲的假想敌,把周围的事假想成难以超越的屏障。

这时,请一定要告诉自己,慢热是自己的特性,出现这种攻击性的心理时,一定不能被其左右,试着放下对他人的偏见,你会发现坦诚地与周围的人交往并没有你想象的那么困难。

场景4 过于在意初次见面的人

性格外向的人喜欢追求新鲜感,所以往往会主动想要认识各种各样的人,想要和他们交流,会积极地追求新的邂逅。而内向型的人则会极力避免这样的刺激,只希望与熟悉的人交流,与同一个人长时间地待在一起。

内向型的人还有一个性格特征就是,不擅长应付陌生的场合,这其中就包含与初次见面的人交谈。

挖掘内向优势：安静的闪光点

我经常听到有人抱怨说自己在与陌生人初次见面时会出很多汗。其实这是一个正常现象。当人类身处陌生环境时，身体会为了保护自己而进入紧张状态，出汗则是身体已经准备好应对未知状况的信号，所以出汗并不是一件让人尴尬的事。

但要是每次与陌生人相处，身体都会产生那么严格的防备反应的话，还是会让人厌烦吧。

也有人说，身处人群聚集的社交场合，当环顾四周时，发现大家都能轻松应对这种与陌生人之间的交流，举止轻松自如。可一到自己表现时，就紧张万分，这种性格太吃亏了。

如果只是吃点亏其实还无所谓，但如果被调至需要经常和陌生人打交道的部门，那真是会让人焦虑不安。

所以我经常会听到大家跟我倾诉：

"我很喜欢和关系要好的朋友一起出去吃饭，所以我并不是不擅长或者讨厌与人交往。但我不擅长与不熟悉的人或是不太亲近的人交流，因为我会非常小心在意，这让我很累。特别是面对初次见面的人，我会焦虑该说些什么，也会担心用什么样的方式交流才是妥当的。这样一来，现场气氛就会被我弄得很尴尬。这时，哪怕是有想说的话也变得说不出口了。像我这么内向的人居然被调到了销售部门，我这种性格，能胜任销售工作吗？一想到每天都要跟陌生人打交道我就十分焦虑。"

> 💬 **应对措施 告诉自己"你没必要让自己看上去比实际更好"**

性格内向的人往往十分在意他人对自己的看法,所以在日常的人际交往中总是表现得小心谨慎,害怕自己展现出不够完美的一面,但"伪装"自己其实是一件很累的事。

何不将这种想法做些许改变?比如,不要在意别人会怎么看你,展现出真实的自己,让别人接受真正的自己,心情也许就会放松很多。

实在没有必要费尽心思地让自己看上去比实际更好,因为伪装自己只会后患无穷。一旦外界接受了你的"完美"设定,你就需要一直表现如此,但伪装终归是伪装,总有一天会露出破绽。

就算短时间内没有露出马脚,也需要为维护人设而不停地伪装自己,白白耗费自己宝贵的精力。

可要是不伪装自己,让别人以为的我比实际更糟糕,还因此被看不起的话怎么办?针对这点其实没有什么好的解决方法。如果你表现的就是真实的自己,却得不到对方的合理评价的话,那无非就是对方没有看人的眼光,或是他和你价值观完全不同。

不管他是这两者中的哪一种,你都没有必要过于在意。本就是两个世界的人，为了这种人的评价而劳心费神实在是不值当。

话虽然是这么说，可内向的人性格生来如此。他们并不是为了从别人口中得到好的评价，而是生性就十分在意他人。

比如，心思细腻的内向型人，哪怕是在购买一个小商品的时候也会十分小心。因为在购物的过程中店员会收钱、包装商品并递给他们，所以他们会担心自己的购物行为给店员添麻烦，于是在购物结束之后会低下头说一句：

"实在抱歉。"

其实，商品在定价时就已经考虑了人工费用，店员为顾客提供相应的服务也是理所应当，但对于内心敏感细腻的人来

说，他们做不到用这么冷漠的方式去对待他人。

因为内向型的人无法将人际关系单纯地理解为职责关系。

就像搬家时对待搬家公司的工作人员一样，有些人觉得反正已经付了服务费，那就无须自己动手，在旁边指挥他们做就好。但是心思细腻的内向型就会觉得自己在一旁轻松悠闲是不对的，会觉得不好意思，因为他们觉得人与人之间的关系不能只用金钱界定。

这种性格的人在社会上也许会有些吃亏，会因为在意过多而倍感疲惫。但是人生价值不应该单纯用得失来衡量，没必要让自己变成那种不体谅他人的人。

这种为他人着想的人，能在工作上，特别是营销服务行业，得到很好的评价，被顾客所信任。所以请记住，即使不能"舌灿莲花"，内向型的人也能找到其他的处事方法来立足于社会。

场景5 交朋友要花很长时间

"即使我自己沉默、低调，也总会有人过来跟我搭话，注意到我"。近年来，这种在日本人特有的依赖心理下构建出的人际关系体系已经在急速弱化。

在这个崇尚积极展示自我的时代，如果你还是抱着以前那种等待别人主动找你搭话的心态，那就很难交到朋友了。

因为交不到朋友而倍感苦恼的人，这样跟我倾诉道：

"我也希望能跟公司的同事们关系更加亲密，但只要大家一说到聚餐，我就想逃，就会随便找个理由不去，其实不是觉得浪费时间之类的，就是觉得自己会表现不好。所以，当身边经常参加聚会的人能轻易找到伙伴陪自己吃午饭、结伴一起回家时，我却找不到一个合适的人陪伴。"

"也许有人会说，那下次大家约饭时你一起去不就好了。但我总会担心大家觉得我性格太闷、太无趣了，所以不敢大胆赴约……"

这种心理也许是源自"被抛弃的不安感"。

要怎样去理解"被抛弃"呢？比如，有些人总觉得自己是个无趣的人，所以经常担心别人跟自己相处时会觉得不开心、很无聊。一旦和对方变得亲近起来时，就会胡思乱想，担心对方会觉得和自己在一起一点意思也没有，一旦这种情绪开始蔓延，就会不知不觉地想要逃离这段人际关系。这样一来，由于害怕以后会被抛弃，就不能放心大胆地接受对方的邀请了。

同样地，虽然想要邀请别人和自己一起吃午餐或是下班后出去逛逛，但一想到自己不是个有趣的人，担心就算提出来也会被拒绝，就再也没有勇气主动邀请别人了。

💬 应对措施　即使被拒绝也没什么可失去的

性格内向的人知道自己不善交际，所以比起乐观地认为只要自己下定决心接受别人的邀请或是主动邀请别人，就能交到朋友来说，他们总是会先考虑最坏的结果。会时刻担心辜负对方的好意，也害怕别人拒绝自己。

与其一味地担惊受怕，那不如试想一下处于上述情况下的你在成功后能得到些什么，失败的话又会失去些什么。其实，细想之后你就会发现，即使对方拒绝了你，也不会对你造成任何损失，所以，还不如放手一搏，大胆尝试。

如果非要说在这个过程中你会失去什么，那最多不过是在人际交往能力方面的自信心罢了。但自信心本就不是与生俱来的，而是源自长时间的实践积累。也许你会觉得，如果我鼓起勇气却被对方拒绝，那我不就会失去一段亲近的关系吗？但是如果不接受对方的邀请或者不主动邀请对方，你们之间就压根不会开始一段亲密关系，自然也称不上失去。

但是，如果你下定决心，大胆地走出第一步的话，就可能获得一份宝贵财产，那就是亲近的人际关系。与此同时，还能增加自己在人际交往能力方面的信心。

在这个世界上,这样划算的"赌注"并不多,你们觉得呢?

场景 6 说话不够风趣

不知道大家有没有发现,当一群人聚在一起聊天时,一定会有一个人成为焦点人物,他侃侃而谈的样子很吸引人,让人认真聆听的同时情不自禁地露出微笑。

有些人可能会十分向往,幻想着有一天也能成为一个说话有趣的人。因为他们常常被这种想法所折磨,便向我倾诉了以下的内心苦闷:

"有些人总是能够成为人群的焦点,用一些吸引人的说话方式逗大家开心。其实事后回想会发现他也没说什么大不了的事情,但当时现场的气氛就是被他调动得十分热烈。不管他说什么,我都觉得很有意思,大家也会被他逗得哈哈大笑。反观我自己,笨嘴拙舌,说话不够风趣,这让我非常自卑。"

相信性格内向的人中有不少人会有类似的想法。这时,一些有能力又有动力的内向型人,会想方设法来改变自己。虽然他们会因为自己说不出有趣的话而自卑,但也绝不会自暴自弃。既然羡慕那些能将一个个话题描述得有趣又新奇的人，那就多多阅读杂志书籍，收集有趣的素材，努力向自己想要成为的人靠齐。

为了丰富日常聊天的话题而广泛阅读固然是好事，但照搬杂志书籍的素材"鹦鹉学舌"，多少会让自己的言论听上去不够自然。其实，多和大家谈论一些你原本就感兴趣的话题，即使描述的方式不够有趣，也会很有说服力，更能打动听众。

而且，对于本身就性格内向又不擅表达的人来说，想要用开玩笑的口吻侃侃而谈，以此来吸引他人，恐怕也有点勉强吧。

即使你的这种努力得到了大家的赞许，也不代表这是适合你的。开一些不自然的玩笑只会让人觉得滑稽而不是有趣。同样，用借鉴的台词来博取大家的笑容，也只会流于表面。

所以，我相信内向的人一定会有一种更加适合自己的说话方式。与其通过模仿来吸引他人，不如用自己的说话方式一决胜负。

应对措施 比起当"有趣的人"，倒不如做一个"能让人安心的人"

幽默风趣的说话口吻的确很有魅力，但朴素诚实的说话方

挖掘内向优势：安静的闪光点

式也同样令人欣赏。除了幽默新奇，能让人感到安心又何尝不是一种魅力呢？

大体而言，语言风趣幽默的人容易给人一种"待在一起很开心"的感觉，而朴素诚实的人则会让人觉得安心、可以信赖。

我认为，性格内向的人比起装作风趣倒不如努力做一个能让人觉得安心的人。

而且，笨嘴拙舌的内向型所羡慕的那个能够轻松地逗笑他人的人，哪怕性格开朗、能言善辩，哪怕总能成为焦点般的存在，也一样会有属于他的烦恼：

"我算是一个能说会道的人，所以大家经常喜欢邀请我一起参加酒局。看上去我似乎是一个朋友众多的'社交达人'，可实际上我没几个能交心的朋友。最近我发现，大家只是把我当作一个气氛制造者，当大家需要社交场合热闹起来时就会积极地邀请我，而不是把我当作一个重要的朋友对待，这让我十分沮丧。其实很早以前我就发现我和我'朋友们'的交往总是停留在表面，我希望能够交到真正的、能够同甘共苦的朋友。如何让我们的友情更进一步，这是我今后需要继续研究的课题。"

跟我倾诉上诉烦恼的人，不仅性格开朗幽默，还非常聪明，是一个认真对待人生的人。但就因为他性格风趣，平时比较喜欢开玩笑，就被认为做事轻浮，不容易被他人所信赖。也因为过分发挥服务精神，所以总是被误解。

这样看来，**不善言辞的性格内向的人应该记住，不要勉强自己变得伶牙俐齿，用心发挥自己本来的魅力才是最重要的。**

换句话说，内向的人应该以成为"倾听者"为目标。一个不善言辞的人想要变得巧舌如簧的确是非常困难的，但做一个善于倾听的人却是他们的强项。

场景7 不擅闲聊，无法控场

内向的人还有一大性格特征就是不擅交际。当他们身处社交场合时，会觉得十分尴尬，不知该说些什么。

对于性格外向、擅长社交的人来说，这是不可思议的。在他们看来社交无非是随便聊一些无关紧要的话题，至于说什么并不值得纠结。

殊不知对于不喜欢社交场合的内向型来说，"随便聊一些无关紧要的话题"才是最让他们头疼的。

因为性格内向的人本来就不擅长闲聊。

曾经有人跟我说过：

挖掘内向优势：安静的闪光点

"我最不喜欢参加恳谈会[①]了，实在是受不了需要轮流跟一群各式各样的人聊天的场合。当然，也不是遇不到投机的人，但有时好不容易遇到一个志同道合的人，正开心着可以畅聊一番时，对方却因为无法与他人交流而露出了倍感焦急的表情，于是只好道歉后匆匆结束话题，投入到下一轮的交流中。在这个过程中想要把握好时机其实是非常困难的，既不知道什么时候结束好，也不清楚下一轮开始后应该和新的聊天对象说些什么，这让我觉得很累。我也问过我的朋友对恳谈会的看法，他们普遍认为这种轮流交谈的制度很好，因为可以和不同的人交流不同的意见，一圈下来，能认识那么多的新朋友是一件很开心的事。可我做不到跟他们一样，我总是容易落单，一个人孤身待在某个角落，苦恼着自己应该进入哪一个会场。哪怕在这段时间里有那么一瞬间让我感到欣喜，但也远远不及我感到的疲劳。所以一听到要参加恳谈会我就觉得心情沉重，除非是非去不可，否则我都是尽量不参加。"

还有人说自己很不擅长与客户的商务社交：

"我不擅长商务社交。虽然前辈教导我说，随便说什么

[①] 以增进相互理解为目的，无拘无束交谈的会议方式。恳谈会一般没有固定的议题，与会人员常常是不同群体的代表，相互之间以自由交谈的形式交流情况、交换观点。——译者注

都好，总之不要冷场，但我就是不知道说些什么来控场。我觉得最尴尬、最难处理的就是上门拜访，应该做什么、说什么才是合适的呢？我真的不知道。其实让我为客户展示文件并解释说明，或是回答对方的疑问及需求，我都不会有任何畏难的情绪。问题是进入正题之前与工作结束之后。一见面就直奔主题也确实太不懂风趣了，可每当我聊了一些天气等无关紧要的话题后就再也想不出什么新话题了，只知道干着急。在工作聊完后也一样，一结束就说'我告辞了'也有点不好意思，想聊些有趣的话题吧，脑子里却一片空白，最后只好尴尬地离开。我该怎么办哪？"

怎么样？看到这里，你们是不是也有同感呢？

应对措施 不要把不擅闲聊当成是一个忧心的烦恼

如果工作都讲不明白，那的确是一个致命伤。但就像上述的两个事例一样，性格内向的人并不是无法进行正常的工作沟通，他们的烦恼在于不擅闲谈。

如果想不到什么有趣的闲聊话题，现场的气氛可能就会比较尴尬，显得自己控不住场。这的确会让人感到焦虑，不知道该怎么办才好。

其实，对此你不用过于担心。毕竟聊天并不是单方面的自言自语，至少要两个人才能进行，对方也有可能主动找话题跟你闲聊。要是对方不主动的话，那说明他们急着进入正题，或者想早点结束今日的工作。这样的话，你就更不必因为找不到闲聊的话题而沮丧了。总而言之，只要你能够将工作完成好，即使不能很好地活跃气氛，也不用有太大的心理负担，不必过分烦恼。

最重要的一点就是给自己积极的心理暗示。即使不擅长社交，也不要太过在意。如果能找到一个闲聊的话题活跃现场气氛自然是好事，但如果想不出什么也不要为此过于懊恼。

而且，如果毫无意义的闲聊就是所谓的"社交"的话，那不擅社交也不会对自己造成多大的损失。也许这会让别人对你留下如下印象：

"他可能不擅长闲聊。"

"他也许有些笨拙。"

但那又怎么样呢？只要你在工作方面言之有物，那这些评价也不会造成什么影响。相反，还可能会因为你说话不多而给人留下值得信赖的印象呢。

场景 8　因为过度表现而陷入自我厌恶

在前文中我曾经提到过"隐性内向"者的特征之一就是会因为想要融入大家而努力扮演一个活跃气氛的角色。虽然在聚会上表现得异常兴奋，但在聚会结束后还会在意：

"我今天是不是表现得过于吵闹了？"

"估计大家都被我吓着了。"

像这样想着想着，一股懊恼之意便涌上心头，后悔自己之前的所作所为，进而陷入一种自我厌恶的消极情绪中。

因为他们不知道该如何在不同的场合做出与之相适应的行为，误以为在聚会等场合上就是要热热闹闹的，所以一不小心就容易兴奋过头，失了分寸。

一位找我做过心理咨询的学生就有过类似情况。因为平时大家对他的印象就是聚会上的"气氛制造者"，所以当别人越是这么评价他，在聚会等场合上他就越是会在意自己有没有完成"使命"。一旦气氛开始变得安静，他就会想尽各种办法让气氛重新热烈起来。而在这一过程中，往往会招致一些人的不理解，觉得他太吵闹，没有分寸感。而这也让他十分苦恼，不知道应该做出怎样的表现才是合适的。他说：

"我吧，不知道为什么，一上酒桌就兴致高涨、兴奋异常。每当我努力活跃着现场气氛时，大家表面上都在拍掌大笑，一副被我逗乐的样子。但当我冷静下来观察周围，会发现大家有时皱着眉头，望向我的眼神中透露出震惊与不解，这让我很羞愧也很在意，我不知道自己的行为举止是不是合适。我现在还是个学生，就算有一些不合时宜的行为，也不会有什么影响。但一想到步入社会后这种行为可能会影响到工作，成为我的'致命伤'，我就担心得不得了。我现在很苦恼，不知道什么样的行为才是有分寸、守礼节的。"

其实我认为，不管是学生还是已经步入社会的成年人，有着上述类似想法和烦恼的人绝不在少数。

应对措施　即使你不勉强自己活跃气氛，也不会有人对此不满

我曾经在本书的第三章中写到，性格外向的人内心能量向外，对外界有很强的好奇心，能通过他们高效的"探测雷达"探测周围人的言行举止，并根据瞬间捕捉到的现场气氛做出恰当的反应。

而与之相对的，性格内向的人内心能量向内，更关心自己

的内心世界，"探测雷达"针对的也更多是自己而不是他人，所以无法很好地把握周遭环境，不知道怎么做才是合乎分寸的。

因此，他们在面试或是面对上司、客户时，因为过于紧张，会容易给人留下一种僵硬死板的印象。其实他们清醒地知道应该认真表现，只是过于在意，反而会让自己无法做出恰当的反应。同样，因为想要在联谊会上融入大家，即使不是很情愿，也会勉强自己活跃起来，却弄巧成拙，引起他人的不适。

如果是性格外向的人，在遇到同样的场合时则能够很好地处理，既能在面试场合、上司或客户的面前展现自己认真严谨的态度，又能营造出恰到好处的松弛气氛，让现场氛围不至于那么"严肃紧张"。参加联谊会时也能放下工作上的"谨慎面具"，表现得轻松风趣。

你看，性格内向的人和外向的人在面对同样的情况时，本身就会有不同的处理方式，这是个性所致。如果你也是那种会勉强自己表现得过度兴奋但事后又容易懊恼的人，那么从今天起，请接纳自己的性格，告诉自己：你可以活得更像你自己。

当然，我的意思并不是说活跃气氛这件事有什么不对，只是如果这样做会让你受委屈，事后还会让你后悔的话，那就不用勉强自己，将真实自然的自己表现出来即可。

如果有人在聚会上总是一副"好无聊"的样子，板着脸不说话，的确容易让周围的人心里不舒服。但我相信没有人会拒绝一个面带微笑，自始至终都认真倾听每一个人讲话的"倾听者"。所以性格内向的你并不一定非要勉强自己去做不擅长的事，老老实实地坐着享受聚会又有何不可呢？这样一想，你的心情是不是能轻松些？

场景 9 因为不擅长而懒得参与集体活动

性格内向的人往往关注自己胜过外在世界，他们习惯自省，喜欢与自己的内心对话，因此容易疏忽与外界的联系。

总是坚持自我主张，想要一以贯之自己的想法，其结果就是，容易忽视身边的人，无法真正融入集体。

而且，与能够迅速、自然融入周围的外向型人不同，内向型的人即使已经身处集体环境，也会因为要时刻顾忌身边人的感受而觉得心力交瘁，最后不得不逃避集体活动，选择单独行动。对于他们来说，孤身行动会更加自由。

因为集体活动而疲惫不堪的人这样说道：

"大家都很擅长附和别人。比如当有人临时起意道'去唱卡拉OK吧'时，总有人会立刻赞同说'你这个提议很棒啊''走啊走啊，一起去呀'。我和他们不一样，如果遇到这种情况的话，我会先问问自己的内心'你想去吗？'，哪怕最终我还是会跟大家一起去，可反应也会比大家慢半拍。这样一来，大家就会说我'想什么呢？一起去吧'。每当这时我就会觉得很不可思议，为什么大家不需要考虑就能立刻做出回应呢？

"当大家准备一起去看电影时也是，要是有人提议去看某部热映的电影，立刻就会有人附和道'好啊，就去看那个吧'。我是那种不喜欢随大流、赶时髦，不被宣传所左右的人，但当我准备确认一下电影内容再做决定时，身边的人就会说'你干吗呢？这部电影最近可火了，就看这个吧'。可是，比起叫座不叫好的电影来说，看一部有趣或感人的电影不是更有意义吗？为什么大家能够如此轻易地附和他人呢？我实在是无法理解。

"当然，我这样说并不是代表我不喜欢和大家待在一起，相反，我觉得跟大家在一起时十分开心，但这也意味着有时我必须压抑自己内心真实的想法，这让我很累。"

不知大家是否有跟他同样的经历呢？

通过他的描述我们也可以发现，内向型的人比起一味地附和他人，更希望做出自己想接受、能接受的抉择。可要是坚持自我、不能无条件配合他人的话又无法真正融入，所以他们非常不擅长集体行动，久而久之，也就懒得参与了。

应对措施　在自己的内心中确定好优先顺序

内向型这难以融入集体、喜欢独来独往的性格，有时会给自己一种错觉：明明是"无法融入集体"，却误认为是"不想融入集体""不愿随大流"。

其实，内向型的人内心也十分矛盾，他们一方面认为沟通能力差、不擅长集体行动是个缺点，应该努力改变自己，尽量融入大家。可另一方面他们又会将错就错，为自己不会轻易被集体的态度所左右而自豪。但归根结底，这种想法的产生只是因为"找借口"比"改变"更轻松罢了。

不想成为一个被埋没在集体中、放弃独立思考的人，希望能用自己的头脑思考，用自己的想法来判断并行动，这话听起来好像很有道理，但实际上只是想把无法融入周围的自己正当化而已。

可是，短暂的逃避并不能真正地解决问题，**与其将自己的行为在内心中正当化，还不如事先确定好事情的轻重缓急，并排列他们的优先顺序。**

比如，当遇到聚会后是去唱卡拉OK还是去另一家小酒馆继续喝酒这种小事时，不用过于纠结，直接随大流就好；去看电影的时候也是，跟大家一起去看最近上映的大片就行了，如果有什么感兴趣的电影，下次找机会一个人去看便是。

但是，如果遇到一些原则上的问题，像是"如果本季度超额完成任务的话下季度的难度会增大，我们表现得差不多就好"或者"资格考试那天我们在车站会合然后一起进考场吧"之类会对自己的工作和学习产生影响的事的话，最好还是遵循自己的内心。毕竟承担后果的是你自己而不是给你建议的那个人。

明确地告诉别人"我不喜欢那样做""在这一点上我绝不会让步"，并不是一件坏事。但是，也没必要拘泥于那些生活中的琐事，在内心中为这些事画一条线，只要能在不触碰原则的事情上稍做让步，相信你能更加轻松地融入集体。

场景 10　与成为全场焦点的外向型人相比，容易丧失自信

性格内向的人因为无法跟外向的人一样在众人面前大方地展现自己，所以总是显得存在感很弱。

当他们看到性格外向的人不管遇到什么样的场合都能够迅速融入，成为全场的焦点时，就会被他们出色的口才、机敏的性格、幽默的气质、快速的行动力所折服，从而产生一种"比起他们来，我差得太远了"的自卑感。

当然，这并不代表所有性格外向的人都具备超乎常人的社交能力。可与周围的人一比较就会发现，一定会有一个外向型的人能成为一群人中最耀眼的存在。他的光芒总会引起大家的注意。而且这个人即使在性格外向的人群之中，也绝对是那个幽默感十足、能说会道、能够脱颖而出的人。

因此，有人也曾发出过这样的感叹：

"我有一个同事很擅长社交，说话也很有水平。像我吧，一碰到那些年长的前辈就紧张，因为我觉得不能对他们说话不尊重、不礼貌，所以平时就会很注意，聊天的时候都会使用敬语。但他就不一样了，不管对方是多大年纪都能轻松跟对方相

处，甚至还时不时地跟年长的前辈、公司的领导开玩笑。有时我也为他捏把汗，毕竟在我的观念里这样做是不合适的，没想到前辈也好领导也好根本不介意这些。不仅不在意，还会跟我那位同事亲切地打招呼，看着关系很好的样子。可我始终也学不会他那种为人处世的方式。这样一来，我们之间的差距变得越来越大，这让我很沮丧。"

应对措施　意识到与人比较是因为自己焦虑

明明知道对比之后会丧失自信，为什么他们还要拿自己跟这些社交达人相比较呢？

那是因为内向的人十分担心自己是否与社会脱节了。即使会经常自我反省，但也意识到自己好像不太了解别人，知道自己没能顺利地适应社会。

也正因为内心中的这份不安，才使得内向的人更加在意他人的反应，不知不觉间就开始与身边较为出众的外向型人进行比较。在观察那些擅长社交的人时会发现，他们大多能说会道，经常能够逗笑他人，态度和行为有时跟自己截然相反，这样一比，自信心就瞬间荡然无存了。这种对比一次就难受一次的经历，容易让内向型人陷入自卑的恶性循环。

喜欢与人比较是谁都有的习惯，这一点无法轻易改变，可用自己的短处去跟别人的长处相比，仅仅因为自己的性格不像引人注目的外向型那般开朗，就否定自己，这不是很奇怪吗？**原本就是性格不同的两类人，态度也好行为也罢，有差异是再正常不过的事了。**

话说回来，无论你是不善言谈、不能机智迅速地应对公司领导的言辞及态度，还是没有一个能在聚会上展示的才艺，或是不擅长事前交涉、讨价还价，我相信这都是你自己做出的选择，因为你的内心中并没有把这些事情放在首位，所以才会觉得没必要磨炼这方面的能力。

既然如此，就没必要感到沮丧。即使在自己不看重的领域稍逊一筹，也完全不必在意。与其为此焦虑，不如将目光转向本章所提出的内向型人格的优势方面，去打磨、发挥自己性格中擅长的部分。

比如，性格外向的人的长处就是和谁都能无障碍交流，能迅速跟大家打成一片。大多数人都会很喜欢这种平易近人的性格，如果内向型的人想在这一方面与之抗衡，肯定会惨败而归。

可是，内向的人哪怕做不到能言善辩，甚至一站在众人面前就紧张、僵硬，但不可否认的是他们诚实、认真、有同理心，这一点相信和他们接触过的人也能感受得到。

所以，性格内向的你们，请停止这种无谓的对比吧。**意识并关注到自己的强项，**不要丧失自信，也不要意志消沉，冷静地与身边的人相处，相信你们也能找到适合自己的社交方式。

场景 11　对任何事都过分忧虑

有着自我反省习惯的内向型人，会经常对自己过往的失败进行思维反刍。哪怕不是失败那么严重的事情，也总有一两个错误会让他们在回想起来时后悔不已。

性格外向的人对此可能会觉得不可思议，比起纠结自己过往的失误，陷入无限的精神内耗来说，沉浸在开心的回忆之中不是会让自己更加幸福吗？为什么要费心反思一些让自己不愉快的事情呢？

但是，内向的人无法如此简单乐观地思考问题。虽然这种性格的确有些吃亏，但如果做出改变的话，自己就不再是自己了。如果硬要他们跟这个长期以来的思维模式说再见的话，他们也会无所适从。

而且仔细一想的话，这种性格也并不是那么令人讨厌，还是有很多可取之处的。

相较之下，外向型的人因为早已稳稳扎根于现实社会，所以适应社会对他们来说不算难题。但是，因为他们不像内向的人一样经常反思自己，只是一味地为配合他人而行动，所以会与本来的自己渐行渐远。

在内向的人看来，适应能力强的确很令人羡慕，但只知道一味迎合他人的话，会让人觉得这个人没有自我。事实上，有些人的确是在经历过某些挫折之后，才初次体会到"自我缺失"的感受，才发现自己早已处于过分迎合他人的病态之中。

适应社会固然辛苦，但也有人我行我素，按照自己的节奏努力过好每一天，这又何尝不是另一种活法？

应对措施　将过分忧虑转化为自身优势

其实，对任何事情都过分忧虑的内向型还有一个优势。<u>这个优势就是"过分忧虑"本身。</u>

在此，我想提出一个问题：明明每个人都有自己的长处和短处，为什么内向型的人总是喜欢揪着自己的短处不放，让自己陷入一种自我厌恶的消极情绪中呢？

大家可能会觉得自我厌恶是一件坏事，但心理学研究表明，<u>自我厌恶也有可能是上进心的表现</u>。因此，我们也可以把自我厌恶当作成长的动力。

比如，当我们同时遇到两种人。一种人明明经常会说一些令人讨厌的口头禅或是有着严重的拖延症，但他只能看到自己的优点，认为自己：

"我真是完美！"

"我什么问题都没有，我不需要做出任何的改变。"

另一种则是，明明自己性格谦逊稳重，大家都对他很有好感，对他的评价也大多是踏实、努力。但他却只关注自己的不足：

"我缺乏积极性，我应该表现得更加积极向上一些。"

"我能力不足，我应该更加努力提高自己。"

试想，这两种人在将来，谁会更有魅力？或者说，谁能在工作上取得更大的成就？

这样一来，大家也就明白了吧，为什么我会说"过分忧虑"这种性格并不是一个缺点，有时反而是一个优势。因为性格内向的人，比起甘于现状，更习惯追求完美。所以，他们会对社会和集体产生不满，对自己产生不满。因为无法轻易满足于现状，所以会觉得痛苦万分，但我相信这种上进心也必定能引导他们成长为"参天大树"。

而且，遇事总是不停地焦虑：

"能顺利进行吗？"

"万一失败了怎么办？"

这反而是好事，因为过分忧虑是防止失败的良方。

对于这一点，心理学家已经用实验结果给予了相关证实。

进行了一系列实验的心理学家朱莉·K.诺伦（Julie K.Norem）和南茜·康托尔（Nancy Cantor）提出了"防御性悲观主义"的概念，**她们认为焦虑更能提高人们应对未知状况的能力，避免意外的麻烦发生。**关于这一点，我将在第六章"焦虑的作用"一节进行详细说明。

第六章

内向型人格的优势就在于此

第六章　内向型人格的优势就在于此

内向型人格的弱点背后隐藏着优点

至此，让我们来梳理一下本书前五章中的所有内容。

在第一章和第二章中，我们探讨了为什么有些人会因为一些小事就心力交瘁。通过列举的各种事例可以看出，不管是为人感性的人，还是因为过于在意职场或日常的人际关系而身心疲惫的人，都有一个共同的特点：性格内向。

但人生百态，各有千秋，即便同样是性格内向的人，也会有不同的特点。所以我提出了"隐性内向"这一概念，来说明"隐性内向"者存在的问题。

比如，典型的性格内向的人在待人接物时总是小心谨慎、他们需要花很长时间才能适应新环境、遇事需要深思熟虑、常常会告诫自己不许失败、会诚实对待工作与人际关系等。但在这个重视速度、效率与性价比的时代，他们的这种行为模式往往容易招致一些负面评价。

因此，能力强、动力足的内向型人会为了改变这种现状，勉强自己积极表现。这时，就出现了我所说的"隐性内向"者。与典型的内向型人不同的是，他们即使性格内向，也会逼迫自己适应这个更加有利于外向型人的社会，增强自己的行动力。但是，一个人的性格是内向还是外向，其实是由遗传基因决定的，改变的只是外在表现而非性格的本质。这样一来，行为和内心之间的矛盾会使他们面临巨大的心理压力。

第三章中，我用一个个事例分析说明了"隐性内向"者容易遇到的问题。

在第四章，我梳理了最近热议的高敏感人士与内向型的性格特征之间重合的地方，例如心思细腻敏感，容易因为一些小事就心力交瘁，常常感到精神疲惫等。

同时，我们也了解到不管是高敏感人士还是内向型的人，其性格特征都跟遗传基因有关。

然后，在第五章中我列举了性格内向人的常见烦恼及应对措施。"隐性内向"者在内心深处还是隐藏着内向型人的心理特征的，所以客观来说，他们对这种内向型人特有的烦恼也能感同身受。

那么，在本章中，我想跟大家探讨一下如何将内向型的性格优势有效活用起来。

同时，我也希望大家能将目光聚焦到内向型人格的弱点背后隐藏着的优势当中。

我们与生俱来的内心特性并不是能够轻易改变的。而且，最新的心理学研究也证实了性格的形成与遗传基因息息相关。

但需要我们注意的是，即便是相同的内心特性，看待它的角度也是多种多样的。

可习惯自我反思的内向型人往往不能辩证地看待问题，他们一味关注自己的弱点，这让他们情绪萎靡，被自我厌恶的情绪所折磨。因此，我希望通过本章的内容，能让阅读本书的读者发现并认识到这种性格背后隐藏的优势。

比如，大家通常会认为敏感的人会为一点小事就心力交瘁，还认为这是人性格中的一大弱点。但只要我们换个角度思考，它就能瞬间变成优势。因为敏感会让人注重细节，而在意细节的人很少会犯粗心的错误。所以，**同一种个性，哪怕不能改它的本质，也可以通过改变看待它的角度，关注到其中的优势，这样就能让你的心情变得积极向上，举手投足间也能更加自信。**

在接下来的文章中，让我们一起来了解，内向型的人经常在意的弱点背后隐藏着的优点到底是什么。

不要被能说会道的人所压制

性格内向的人如果是在亲密的朋友面前尚且能表现自如、

侃侃而谈。可一旦置身工作相关的社交场合，比如，当需要与客户、合作商等人交谈时，他们就无法自由施展了。一想到"我不能做出任何不礼貌的事情""我一定要注意自己的说话方式，不要咄咄逼人""我要给他们留下一个好印象"，就紧张得说不出话来。

这种内向型人会非常羡慕那些不管处于何种场合都能毫不紧张、妙语连珠的外向型人，会觉得自己容易被这种能说会道的人所压制。

但是，请不要为此就轻易否定自己。

能够用风趣幽默的语言活跃现场气氛，这的确是一种宝贵的能力。但是做一个好听众，让对方可以敞开心扉、痛快地倾诉也同样难能可贵。

毕竟一味地听他人唠叨也会很累。不知道大家有没有经历过长时间面对一个喋喋不休的人，那滋味真是不好受。

对自己的谈话能力不够自信的内向型人，也许容易在气势上被能说会道的人所压制，但这并不代表别人会因此不喜欢你。反而是那些只知道表达自己的意见却不在意他人想法的人，才会让人不舒服。我们经常会遇到那种对自己关注的事情就滔滔不绝，聊到自己不感兴趣的话题时就打岔的，以自我为中心的人这种人即使能言善辩又能怎么样呢？而且，一个人如果过于健谈，反而还会让人怀疑他是不是在信口开河呢。

与之相反，如果有个人愿意陪在你的身旁，默默地听你倾诉，那真的会让人很安心。"倾听型"的心理咨询师之所以能够符合现代社会的需求，就是因为很多人都有倾诉的欲望，却没有一个合适的对象愿意聆听。

也正是因为大家的这种倾诉欲无处释放，所以才会出现宁愿花钱都要找人倾诉的现象，这也是心理咨询师能够作为一种职业而存在的原因。

所以，只要你对对方的话题表现出浓厚的兴趣并且能够认真聆听，即使你做不到能言善辩也没关系，你在对方眼里仍然是一个很有魅力的人。

答案似乎已经显而易见了。希望你们意识到，对于内向型的你来说，努力的方向应该是做一个善于倾听而不是善于表达的人。因为内向的人原本就不擅长交流，在公众场合上倾听的时间本就比发言的时间要多，所以你们已经具备成为一个好听众的基本素质了。

一件事在脑海中挥之不去

内向的人还有一个性格特征就是，一旦开始在意一件事，这件事就会在脑海中挥之不去，很难再将注意力转移开来。

具体来说，当你要做一件重要的事情时，脑海中就再也容不下其他，会一直被这件待办事项所充斥。比如，你下个月有一场重要的汇报，明明还有一个月的准备时间，可你会从知道这件事开始一直处于神经紧绷的高压状态，时刻告诉自己"我必须要好好表现""失败的话会很丢脸"等，心情一刻也无法放松。

同样的情况要是放在性格外向的人身上的话，结果就会完全不同。他们会暂时忘掉这件事，专心享受当下的生活。因为他们觉得这是一个月之后的事,现在不必操之过急,等事情临近的时候再准备也不迟。

无法像这般保持乐观的内向型人,一想到万一因为准备不周出了差错就糟糕了,所以总会尽早着手准备。

对当事人来说,一直处于高压状态的话,的确会感觉身心俱疲。如果这时身边恰好有那种"火烧眉毛了"还能保持冷静的人,那真会令他们羡慕不已。但他们不知道的是,正是这种容易焦虑的性格鞭策着他们,才让他们永远不会"打无准备之仗"。也正因如此,他们才会鲜有失败的经历,能够一步一个脚印地将事情稳步推进。

总而言之,性格容易焦虑的人虽然会因为压力过大而痛苦,但这种性格也促使他们养成了慎重、踏实的工作习惯。

当然,也有些工作是你无论如何踏实准备也无法完美完成的。但是,比起因为盲目乐观、态度松散导致失败而言,"尽人事之后的听天命"更令人心安。

我见过太多因为焦虑而反复准备,最终预防了失败,完美完成工作的案例。我相信,这份焦虑所带来的谨慎、周全,总有一天能够被领导和客户看到,赢得更多的信赖。

所以,性格内向、容易焦虑又怎样?你不需要因自己的这种性格自卑,这甚至是你的一个强项,需要发扬光大呢!

焦虑的作用

那么，让我们来思考一下焦虑到底有何作用吧。

比如，我们经常会遇到一些意想不到的事。有人可能会觉得，遇到突发状况也是无可奈何，可真的是这样吗？

如果我们能发挥自己的想象力，设想所有可能发生的情况并提前想好应对措施，就完全有可能避免意料之外的混乱与失败。

在前文中我也曾指出，内向型的人因为容易焦虑会提前做好万全的准备。越是焦虑，就越能预想到所有的事态，减少意外麻烦的发生，我认为这就是焦虑最重要的作用之一。

为什么我会这么说呢？接下来我们可以通过几个实际生活中的常见案例来共同探讨。

比如，当需要在公众场合演讲时，容易焦虑的内向型人会早早地就开始担心自己能否正常发挥、时间分配不均怎么办、遇到无法回答的问题怎么办等。为了避免这些问题的发生，他们会多次检查演讲的相关事项，缜密地思考时间的分配并进行多次模拟练习，甚至除演讲的具体内容外，还会准备其他相关资料。

不仅如此，为了避免自己的演讲内容有闭门造车、自说自话之嫌，他们还会请其他部门的同事帮忙检查资料有没有难以理解的、有疑问的地方，通过这样一系列的准备，相信演讲当天的成功概率也会大大提升。

在商务谈判的时候也是，大多数人可能只会提前准备谈判的相关资料，但容易焦虑的内向型人为了缓解内心的焦虑，会提前预测对方可能在意的点，可能提出的要求、问题等所有可能发生的情况，并对此做好万全的准备。

也有敏感的内向型领导在拜访客户时，因为担心下属遗漏重要的文件，会自己提前带好复印件前往，以防万一。这样一来，即使遇到这种突发状况也不会影响工作的按时推进。

在职场中，迟到是一件很不礼貌的事。容易焦虑的内向型人觉得，哪怕是偶遇电车停运这种突发事件，只要无法在约定的时间赴约就会很失礼。因此，他们总会留有充足的时间，早早出门。这样的话，即使遇到交通事故或交通堵塞等问题，也不会对工作产生影响。

也有人认为如果不小心忘记会议内容就糟了，所以无论多么细微的事情都要认真地记下来。

还有些人为了避免与合作方在工作过程中产生诸如"我没说过这种话""这件事应该是这么定的"等纠纷，会在会议结束后立刻将会议的重要内容简单整理成文字性的邮件，发送至对方确认。

像这样巧妙地将自己内心的焦虑转化成动力，就能很好地防患于未然，提升自己应对意外状况的能力。

将防御性悲观主义中的负面因素转化为力量

怎么样？这样看来，容易焦虑也并不是什么坏事吧。正因为容易焦虑，才更能将万事准备周全，将工作稳步推进。

在研究这种心理机制时，我们可以参考心理学家诺伦和康托尔提出的防御性悲观主义这一概念。

诺伦和康托尔结合了对过去表现的认知和对未来表现的期待，将乐观主义和悲观主义分为了四种类型。在此我会对其中的非现实性乐观主义和防御性悲观主义进行说明。

所谓非现实性乐观主义，就是一种即使没有实际成果，也会对自己将来的表现抱有积极性期待的心理倾向。

而防御性悲观主义则是指，尽管已经取得了一定的成绩，但仍然对自己未来的表现怀有消极预期。

非现实性乐观主义者往往在没有任何实际成果的情况下，仍然会对自己的能力盲目乐观。这种心态虽然是积极的，但实际上并不适用于现实社会。

比如，无论别人怎么善意提醒或建议，有些人也不会在今后的实际行动中做出任何改变。

嘴上说着：

"明白了。"

"我知道。"

却总是不知悔改，重复犯同样的错误。所以，盲目乐观的话，做事就会不够谨慎。

而防御性悲观主义者即使已经做出了不菲的成绩，却还是会陷入"这次不一定会像上次那么顺利"的不安之中，虽然这种态度不够积极，在工作中却十分稳妥。

而且，很多的科学研究也都证明了防御性悲观主义者比乐观主义者的成绩更加优异。这是因为他们生性悲观，所以做事总能谨慎小心，也总会做好万全准备。换句话说，强烈的焦虑感与悲观主义正是防御性悲观主义者的"养分"，促使他们能在工作中完美表现。

由此看来，我们不能被现代社会充斥的这种"积极信仰"所左右，不是面对任何事情只要保持积极乐观就好，因为盲目乐观就很容易产生疏漏。我们更应该将目光转移至防御性悲观主义这一心理机制上，这其中所蕴含的焦虑的作用或许比乐观更容易让人获得成功。

活用焦虑，让我们学会将防御性悲观主义中的这种负面因素转化为力量。

自省的习惯会增强进取心

习惯于关注外在世界的外向型人，在回顾自身言行举止时，不会犹豫不决、悔不当初。而在意自己内心感受的内向型人，则会一边回顾往事，一边围绕着自己的言行进行种种反思：

"我刚刚说的话可能有点问题。"

"我好像惹他不高兴了。"

"我的话是不是影响到他心情了？"

"不知道他理解我的意思了没有，早知道就再解释清楚一点了。"

"我的那种说话方式好像不是太合适。"

"他也许不会想再和我接触了吧。"等。

因为总是这样内耗，所以内向型人会十分讨厌自己这种过于在意的扭捏性格，也会羡慕外向型的人不会像自己一样事事都思来想去，希望自己能像他们一样洒脱。

但是，怀有这种想法的内向型人，请你们仔细想想，如果没有了自省的习惯，你们还能发现自己言行中不恰当的地方和容易造成误解的地方吗？

时常反省自身的言行举止，比如：

"我这样做对吗？"

"以后我要更加注意对方的心情。"

"我应该精进自己解释说明问题的能力。"

"下次在文字说明的基础上，再加上一些数据支撑应该会更好。"

像这样经常自我反省，才能够有效地对自己的过往表现做一个复盘，让自己今后做事更加完善。

也就是说，这种自省的习惯，能够促使我们换位思考，增强我们的共情能力，同时也能提高工作的质量。

如果抛弃这种好习惯，反而盲目乐观地认为"已经很好了"的话，是无法得到长足进步的。

因此，我们反省自己、不满足于现状，是因为我们"想要更加完美""想要让对方满意""想要让自己的说明更具有说服力""想要提高工作质量"，是一种有上进心的表现。

对任何事情都比较在意、会反省、容易纠结，这确实会让人觉得困扰、心累，但请你记住，这也是内向型人的优势所在。

内向型人特有的坚持可以激发想象力

不擅长随波逐流的内向型人，有一点绝对不会轻易让步，那就是遇事跟随自己的内心，坚持自我。

这种内向型人特有的品质，会让他们不愿迎合他人，不被流行趋势或是身边人的动向所左右。但是，这种性格同样也会妨碍他们适应社会，令他们在"人情社会"中举步维艰。

而且，内向型人与擅长迎合外界的外向型人还有一点不同：他们喜欢用一种批判的眼光看待外在世界，对大家的动向总是怀有疑虑。

这种批判精神的具体表现之一就是，对"重视表面"这一社会现象的反抗。

如今，不管是企业培训还是学校教育，都崇尚对演讲技巧的学习。但自我意识强烈的内向型人会认为，演讲的灵魂是"有血有肉"的具体内容，如果没有充实的内涵，纵使技巧有千般变幻，也毫无实际意义。因此，在旁人都对此趋之若鹜时，内向型的人则对这种现象嗤之以鼻。

不仅如此，内向型的人还会十分厌恶那些徒有其表并以此为傲的人。因为这种人明明演讲空无一物，却毫不自知。不仅不去充实自己匮乏的知识，反而只是一味地借助PPT或演示动画等外在工具滥竽充数。还总是一副得意洋洋的样子，似乎在说：

"怎么样，我说得有道理吧。"

一些容易被表象所迷惑的人，在遇到这种擅长表现、侃侃而谈的人时，或许真的会被他们的气势所震惊，觉得他们很厉害。但是，善于钻研内在本质的内向型人则能识破其中的轻浮、浅薄。

因此，内向的人在看到这些装模作样却沾沾自喜的人时，会疑惑：

"不是应该多多磨炼自己的内在吗？"

当然，他们也会告诫自己不要成为这种把无知当自信的人，在努力展示自己之前，先努力充实自己。

对于追求表面功夫的人来说，内向型人的这种做法多少有些愚笨，因为他们认为只知打磨自己，而不知如何表现出来，也只是种无用功。可他们不知道的是，正是这种坚持，才能让内向型的人得以踏实持续地吸收新知识、打磨观点、磨炼思维能力，从而全面提升自己。

人们常说不能只知道学习知识，要重视自主的思考能力。但知识越丰富，想法不就会更有依据吗？这也能让想象力进一步被激发出来吧。积累各种各样的知识，将不同的知识融会贯通，相信这能够涌现出更多新想法。

内向型的人专注于充实自己，把重点放在"输入"而不是"输出"上，从这个意义上来说，内向型人的坚持也正是他们奔走在磨炼思维能力路上的最好证明。

不满足于现实，有理想主义倾向

十分重视自己内在感受的内向型人，对价值观有着自己的独到见解与坚持，他们不愿意随波逐流，在自己认定的原则问题上一步也不肯退让，甚至有些固执。但过于坚持自我的话，就会成为他们适应社会的一种阻碍。

其实，每个人都对世间万物有着自己的理解和想象，"想要这样""应该那样"。但是，现实非常残酷，理想中的生活方式是很难实现的。

生活在这个世界上，会遇到各种各样的矛盾。正直的人可能会吃亏；强者可能不仅不会保护弱者，还会压制他们；甚至有些人为了追求经济价值而不择手段。

面对这样的社会现状，性格外向的人不会过多犹豫，会先想办法融入其中。即使他们对企业的经营方式、自己的职务职能、职业人生规划等抱有疑虑，也会暂时将此抛诸脑后。因为他们觉得活在当下才是最重要的。

不仅如此，他们还会认为，与其用批判的眼光看待现实，倒不如与这些矛盾达成和解，思考如何与之共存。他们会把对社会与组织的疑问束之高阁，忠实履行自己的工作职责，努力得到认可，接受现状，最大限度地发挥自己的能力。

与之相对的，内向型的人不会对这种现状就此作罢。对于他们来说，重要的不是目前的状况，而是心中的理想。所以，他们无法对现实中的种种矛盾视而不见、置若罔闻。

由此可见，在面对外部世界时，内向型人与外向型人的思维方式是完全不同的。外向型的人会观察具体的现实状况，思考适应的方式方法。而内向型的人大脑中思考的不是"现实是怎样的"，而是"现实应该是怎样的"，然后朝着自己的理想去努力。

这样看来，与几乎能够无条件融入周围的外向型人相比，内向型的人不能很好地融入社会也是情理之中的事。

可是，改变世界谈何容易呢。与理想渐行渐远的，不仅是这个社会与公司组织，还有置身其中的自己。因此，内向型的人常常会被内心这种社会变革意识和自我变革意识所折磨。

将时刻存疑的态度转变为优势

新入职场的年轻人总是朝气蓬勃，他们期待自己能够从事一份对社会有贡献的工作。可一旦入职后就会发现，他们的理想常常与上级领导或前辈的指示、想法背道而驰，这让他们十分苦恼。其实，这种情况在实际的工作过程中并不少见。

比如，有些公司为了实现利润的最大化，会安排职员们制定一些营销策略，利用消费者的各种心理，促使他们购买一些不需要的商品。虽然这并不算是欺骗消费者，但接到这种工作任务的员工还是会认为：

"这并不是我理想中对社会有贡献的工作。"

当发现理想与现实之间的差距无法轻易改变时，有些人就会陷入痛苦之中，因为他们无法在内心做出妥协。

还有些公司因为担心产品质量过好，长时间不用更换的话就无法增加销售量，因此降低质量，制作一些容易损坏的产品进行售卖。当新进职员们亲身经历这样的场景时，会满怀疑惑地询问前辈们：

"这样做难道不是欺诈吗？"

但前辈们则毫不在意地说："你们这说的什么话！企业如果不追求利润的话就无法生存。企业不是在做慈善。"

这时，如果是适应能力良好的外向型人就能够很好地自我疏导：

"既然是公司领导层的安排那就没办法了。"

"我只是一个小小的公司职员，不能违背组织的经营方针。"

"确实，企业是需要赢利的，我们又不是慈善机构。"

他们会像这样说服自己并接纳眼前的事实，彻底履行组织赋予的职责。

但是，坚持自己心中理想的内向型人则不愿意无条件服从组织，所以即使公司领导或前辈前来说服自己，他们也会想要反驳。

哪怕没有反驳，最终按照组织的要求来执行，他们内心中也会想：

"这样做真的对吗？"

"这与本来的我越来越远了。"

这种思绪会让他们在违背本心的时候无法平静。

这种矛盾的心理或许会让人苦闷，但决不应该被否定。而且，对于一个组织来说，多一些这样的人是十分有益的。

试想，如果成员只知道服从指令，组织有可能长久吗？估计不久就会衰退甚至破产吧。只有那些敢于接受不同意见并做出改善的公司才能得到长久的发展。从长远的角度上来说，不无条件接受团队文化，能够时常心存疑虑的人，其实是在为集体做贡献。

但也必须注意，不要公然违背集体文化。因为如果那样做的话，可能会丧失在集体中的立足之地。重要的是，即便在形式上不得已做出让步，也要始终相信团队会向好的方向发展，同时保持质疑的精神。

还有一点必须注意的是，当我们过于追求理想时，就会难以保持宽以待人的态度。可是，生活在现实中的人，哪有可能十全十美呢？谁都有软弱、不足的一面，这是理所当然的。我们自己也是如此。

每个人都有自己的成长经历。千人千面，每个人心中对自己的期待与社会的理想形态自然也不一样。能够完全按照你的想法行动的人只有你自己，既然难得拥有追求理想的上进心，与其批判社会和他人，不如以自身的成长为目标，努力做好自己。

比起泛泛之交更适合深入的人际关系

虽然跟大家凑在一起热热闹闹地聊天会很开心，但对于内向型的人来说，这样的时光也会让他们感到空虚。

即使这种热闹能带给他们瞬间的愉悦,却也只是浮于表面。他们追求的是更深层次的、心灵上的交流。如果交流中只有玩笑话与闲聊,他们就会觉得少了些什么。

因此,很多性格内向的人会苦恼自己不擅社交。

他们会说,"我就是不擅长应付一些社交场合,如果是工作相关的派对或是恳谈会之类的社交聚会我会硬着头皮参加,但这让我痛苦不堪。我现在非常担心今后的工作该如何胜任。"

由此看来,很多内向型的人会在派对、酒局、恳谈会、交流会等社交场合上觉得痛苦。

因为一旦身处人数众多的社交场合,就意味着需要与初次见面或是关系不熟的人交谈。与不够亲近的人之间多少会缺乏共同话题,这样一来,他们就需要在交谈中不断找寻对方感兴趣的话题,这让人压力倍增。

在这种压力下,内向型的人会觉得很累。而且,提出的话题还最好是大家都能参与的话题,这样的话,话题的范围就不能太局限,所以往往和大家谈论的内容会流于表面。这也是内向的人觉得这样的人际交往总是少了些什么的原因。

如果是性格外向的人,无论话题是否有意义,他们都能享受与各式各样的人交流这一过程本身,而内向的人则会纠结于：

"光说这些话没有任何意义。"

"我总觉得这是在浪费时间。"

"真希望能聊一些更深入的话题。"

如果换个角度来看，这种性格的内向型人，其实比外向的人更有可能获得有意义、有深度的人际关系。

在第五章中，我也曾举例说明过这一点。有一位酒局上不可或缺的"社交达人"，虽然经常会因为擅于活跃气氛而被邀请出席各种公众聚会，但是大家并没有把他当作真正的朋友，他与大家的交往都只停留在表面。

与之相反，内向型的人虽然不擅社交，在人数众多的聚会上也没有什么存在感，却是一个适合深交的人。内向型的人在参加派对或酒会时，总会不知不觉地一直和同一个人聊天，也就是说，比起泛泛之交而言，他们更适合深入的、长时间的交往。

其实，我们生活的社会是非常孤独的。有很多人纵使人际关系网强大，认识的人很多，也没办法改变他们无法与人交心、交往总是止于表面的境况。或许也是因为个人变得越来越孤独，心理咨询师才有了用武之地吧。

但也正是因为我们生活在这样一个时代，才能体会到认真倾听别人说话，让人吐露真心的人的难能可贵。

对他人内心的痛苦和脆弱有高度共鸣

社交达人们虽然善于缓和、活跃现场气氛,但有时也会给人一种神经大条、没有分寸的感觉。

相较之下,内向的人对身边发生的各种小事都十分在意,他们常常会非常在乎对方的反应,做任何事情之前都会想:

"如果我说出这种话,可能会伤害到别人。"

"这会不会恰好触碰到别人不愿被触及的地方?"

"要是一不小心说出一些令人误解的话就不好了,要时刻注意自己的说话方式。"

因为体贴,所以内向的人总能照顾到身边人的情绪,也很少会因为人际交往产生纠纷。

我在前文中曾经介绍过,心理学研究表明内向型的人之所以会产生社交恐惧,是受遗传基因的影响。而现在也有研究证明,社交恐惧感强烈的人其共情能力也会更高。

所谓社交恐惧,其本质是一种与人际关系相关的焦虑感。它表现在身处公众场合时,对自己能否顺利表达、能否被他人理解、被对方如何看待和评价等方面的焦虑。

有社恐倾向的人在人际交往中越是焦虑,就越会小心翼翼地观察对方的状态。这样一来,就更能够理解对方的心理,激发出比普通人更高的共情能力。

与之相对，如果一个人能够轻松应对社交场合，就很容易忽略对方的感受，也很难仔细揣摩对方的想法和心情。但这并不是他故意为之，而是性格使然。因为他们生性就喜欢直来直去，想到什么就说什么。

因此，当他们无意间说出一些不经大脑的话而伤害到他人时，他们却对此无知无觉，这将恶化双方之间的关系。

而且，当你有烦恼想找人倾诉时，比起总是泰然处之的乐天派，相信你更愿意找那些容易烦恼、与自己有相同三观的人诉说。因为那些天生就性格开朗、活泼外向的人，即使聆听了你的苦恼，也无法感同身受，甚至还可能会觉得你在无病呻吟。

反观内向型的人，无论是在工作还是私人生活中，只要遇到在意、烦恼的事情，就会第一时间反省自己，当他们发现自己的弱点与不足之处时，就会闷闷不乐。这样的经历，让他们能够更加理解他人的心情。

也因为内向的人心情容易因为他人而产生变化，所以他们能够敏锐地觉察到他人的情绪波动，能够更加贴近他人，对他人的境遇产生共鸣。

从这种角度上也可以解释，为什么内向型的人容易成为一个优秀的聆听者，因为他们能够深切感受到他人内心的痛苦与脆弱，可以给人心灵上的慰藉。

能够专注于工作也是你的强项

热衷社交的人，非常喜欢人群聚集的社交场合，只要听说有聚会，就会想要参加。所以他们通常会花费大量的时间在人际交往上。

他们很难静心思考，也无法持续自我提升。

但是内向型的人很难看到外向型人性格中的这一弱点，他们只知道羡慕那些能够发自内心的喜欢社交的社交达人，却不怎么关注这一性格所产生的负面影响。

试着回想一下你的学生时代吧。相信那个喜欢闲聊、总是喋喋不休的同学，不管是在课间休息时，还是在上课期间嘴巴都在叽叽喳喳说个不停。或许他还因此被老师批评过呢！

像这种热衷社交、喜欢闲聊的孩子，不让他说个痛快的话是不会善罢甘休的，如此也就无法静下心来埋头学习了。这样一来，他们就很难在学习上取得理想的成绩。

内向型的人则不同，当身边的人都在闲聊时，他们也不为所动。所以，他们总是能够全身心投入学习，集中精力解决问题。

据说最近一种以主动学习为基础的小组学习法被引进了学校课堂，这种学习法需要学生们以小组讨论的形式进行学习。试想，如果小组中有一两个非常喜欢闲聊的学生的话，那讨论的话题就会一直被带跑。虽然闲聊的过程是开心的，但是一节课下来什么都学不到，白白浪费了上课时间。

工作之后也是同样。喜欢社交的人，不经意间就会开启"唠嗑模式"，沉迷于和同事们的闲聊，疏忽了工作项目的推进。开会时也容易说一些废话来消磨时间。

但内向型的人就不一样了，他们希望时间能够有意义地度过，会想要早点结束冗长的会议，着手自己的工作。当外向的人在会议上滔滔不绝时，内向的人只会觉得烦躁，希望能够早点结束这没意义的话题。

也有人会在这冗长无聊的会议上做一些"副业"，比如阅读一些必须尽快确认的资料、思考会后如何安排收集更多资料、构思创意等，总之就是会想方设法让整个会议变得有意义。

所以，就像喜欢社交的性格有两面性一样，不擅社交也有很多好处。比如不被嘈杂的环境所影响，不受闲聊的诱惑，能够专注于学习与工作等。

当热衷社交的人不断寻找新朋友交流时，不擅社交的人会独自一人学习、思考，这让他们内心更加放松。

因为不喜闲谈，才能埋头工作，沉浸在自己的世界中仔细思考。

当你看到擅长社交的人与周围的人聊得热火朝天、气氛热烈时，不要感到焦虑，也不要受此影响，集中精力埋头做好自己的工作即可。

像这样将目光集中到隐藏在自己弱点背后的优势中的话，就再不会退缩，能够摆正心态、积极向前。

正因为难以融入社会，才能有自己的想法

意识到难以融入周遭环境的内向型人，往往会觉得自己的行为举止与世界格格不入。

当看到能很快融入周围，无论身处任何场合都能举止自然的人时，他们会心生羡慕，但同时也会产生一股抵触情绪，觉得自己不能那样迎合取悦他人。

某种意义上说，这种想法既是在为适应能力低下的自己开脱，也是一种不愿随波逐流的反抗精神的体现。

因此，有着这种反抗精神的人如是说：

"我不喜欢追赶潮流。有些人总是模仿时尚杂志上的穿搭，穿着现下流行的服饰，拿着最新款的包包。他们肯定觉得自己非常时髦，非常帅气吧。可能还会嘲笑那些跟不上潮流的人很土。但我觉得那些被市场营销战略洗脑的人才是真的土，真想问问他们有没有点自我意识，他们的无脑让我觉得惊讶。"

像他这样的人，会认为追赶潮流的人"没有自我""任人摆布"，所以他们会刻意避免这种情况在自己身上发生。的确，那些追求时尚的人或许只是单纯地认为"我想要和大家一样"，这种"大家都有的东西我也想有""流行的东西我也想要"的思想，会让人觉得缺乏独立意志。

对于自我主张意识强烈的内向型人来说，他们无法从"和大家保持一致""追逐流行"的思维中感受到任何魅力。

也就是说，内向型的人虽然适应能力不强，却不会随波逐流，能够保持自我，不被周围的环境轻易影响。

当身边的人梦想着出人头地，对上司阿谀奉承，对同事当面一套背后一套时，内向型的人会觉得匪夷所思，也不愿意变成这样的人。他们会对这种人产生厌恶感，甚至会否定"出人头地"这件事本身。

因为抱有这种思想，所以像这种难以融入社会的内向型人，会很容易否定世俗观念的价值。可也正是因为这样，他们才能尽情地享受完全属于自己的时间。

被团队文化牵着鼻子走的人，总是忙于工作、忙于社交。与他们不同的是，内向型的人因为拥有自己的时间，所以能够听听音乐、沉浸在自己的世界，也可以看看书回想一下过往，或是一边登山一边放空自己，让心灵远离俗世凡尘。

有了沉淀自己的时间，才不至于事事遭受常识的束缚，才能够激发出自己独特的想法。所以请牢记，并不是适应能力强才是好事，难以融入周遭环境的性格反而能让你变得独树一帜，激发出只属于你自己的亮点。

其实很适合与人交往的相关工作

缺乏社交能力的人，在面对初次见面或是不熟悉的人时，会紧张不已、小心翼翼。像这种性格内向的人，往往会觉得自己不适合从事与人打交道的工作。

事实上，怀揣这种苦恼来找我咨询的人不在少数，他们这样跟我说道：

"我的性格非常内向，和人交流时，我总是莫名的紧张。我没办法对别人的话马上做出回应，这让我十分苦恼。好不容易说了些什么，又会马上后悔，为什么我就不能再灵活一些呢？我讨厌这样的自己。我有一个非常擅长社交的朋友，看着他在做兼职时愉快地和不熟悉的客人亲切交谈，一股无力感便油然而生，我想我是做不到像他这样的。所以，我觉得我并不擅长需要与人打交道的工作。也许案头工作更适合我……"

对于缺乏社交能力的内向型人来说，接待客人这种工作会让他们过分消耗心力，觉得疲惫。而查阅资料、制作图表、策划企划案等工作因为不需要频繁与人接触，反而会让他们觉得更加放松。

但是，内向的人之所以能够埋头于这样的案头工作，不是因为不擅交际，而是因为他们不容易被周遭环境所打扰，不管身边的人如何，他们总能保持精力集中、专注地工作。

而且，认为自己不适合需要与人打交道的工作也只是他们的一个误解。在与人接触过程中，他们确实容易感到疲惫，但不能因为这样就说自己不适合。

不信的话，请想象一下自己与他人接触时的场景吧。

比如，当你进入某家商店，看到面带灿烂的笑容，亲切地前来搭话的店员时，你肯定会觉得"心情愉悦"。但如果遇到的是一个虽然笨嘴拙舌，说不出什么让人欢心的话，却非常努力诚恳地向你介绍商品的店员，相信你也不会对他心生厌恶。

甚至可以说，比起那些一味无脑夸赞的店员，那些虽然语言不够动听，但态度诚恳，能够为顾客考虑的店员更值得人信赖。

如果现场氛围太过和谐，客人反而还会怀疑：

"态度这么友好，我是不是被坑了？"

"这个店员是不是只想把东西卖出去，所以都拣好听的说？"

从这个角度上来说，内向型的人虽然说不出什么讨人欢心的话，却总能因为真诚让客人或是客户放下戒备心，获得对方的信赖。

更进一步说，内向的人因为其小心谨慎的性格，在说话、做事前总会想象对方的反应，比如：

"我这么说的话会不会不够礼貌？"

"要是我说了什么伤人的话就糟了。"

"要注意自己的说话方式，不要引起对方反感。"

像这样站在对方的角度，充分考虑对方的心情之后再做出反应的待人方式，反而会让对方对你充满好感。

而且，不善言辞的内向型，在人际交往中自然而然地会成为倾听者，对对方来说，比起面对一个叽叽喳喳、喋喋不休的人，与一个安静地聆听自己说话的人在一起会更加舒心。

综上所述，容易对自己的社交能力没有自信的内向型人，在与人交往的过程中虽然会感到疲惫，却能令他人感到安心。不善言辞不仅不代表你不适合与人接触的工作，反而可能会成为你的特色。所以，请摒弃自己的偏见，意识到这一性格的优势吧！

如果性格内向的人成为领导者的话

在性格内敛的内向型人看来，领导就是那种能够在公众场合毫不怯场地大方发言、与任何人都可以融洽相处、社交能力极强的人。而自己的性格与内心的领导形象相去甚远，因此，他们往往会认为自己承担不了领导者的重任。

诚然，这种社交型的领导是十分常见的，但这并不代表所有的领导都是性格外向的人。一个集体中既可能有沉默寡言的领导，也可能有不擅于在众人面前发言的领导。重要的并不是

"能说会道",而是能否胜任一个领导者所肩负的职能。

管理心理学认为,一个领导者必须具备**目标达成**与**群体维持**两大职能[①]。

所谓目标达成职能,是指促进团队成员达成既定目标及解决问题的职能。

具体来说,就是为了实现目标而制订周密的计划、冷静地分析现状,在发现问题时明确具体的问题点并指挥团队成员进行解决,发挥团队的"信息来源"与"顾问"的作用,学习并掌握专业化的知识技能,正确把握并评价每位成员的工作成果等。

---

① 日本大阪大学心理学家三隅二不二于20世纪60年代提出了领导行为PM理论,从目标达成(Performance)和群体维持(Maintenance)两个维度分析领导行为。——编者注

而这些职能与社交无关。比起擅长社交的外向型人来说，擅长案头工作且焦虑感强烈，不事先做好万全的准备就无法放心的内向型人更加能够胜任这样的工作。因为他们不仅思维缜密、知识吸收能力很强，还很擅长制订周密的计划。

而群体维持职能则是指，加强团队的凝聚力。

具体一点就是：促进成员之间的交流、营造友好的团队工作氛围；尊重每位团队成员的意见；照顾每位成员的心情、倾听他们的抱怨与不满；开导抱有苦恼与迷茫心情的成员等。

而以上这些工作，正好是能够充分理解他人的心情与立场，不会强求他人的内向型人的强项。

由此可见，领导绝不是一味蛮横霸道、在公众面前能够表现得落落大方就好。

反倒是遇事容易焦虑不安、思考问题谨慎细致、做事前常常准备周全、能够体贴照顾他人心情的内向型人，更加能够承担一个领导者需要具备的目标达成与群体维持的职能。

如果能够立足于自身的强项，发挥自己的性格特性，性格内向的领导者也完全能胜任这个职位。

还没有成为领导的人，也不要先入为主地认为自己不适合，了解内向型领导者的优势，肯定自己，在机会到来的时候一定不要轻易放弃。

居家办公有利于性格内向的人

随着新冠肺炎疫情的蔓延，很多公司都开始采用居家办公的模式。

居家办公有很多便利之处。比如，可以不用每天在上班早高峰的时候挤电车上班，因为节省了通勤时间可以不用早起等。按理来说，这应该是人人都喜欢的工作方式，但不曾想这种办公方式也给很多人带来了巨大的压力。

比如，对于工作积极性很高的人来说，一旦自己的家成了工作场所，就很难将工作与生活区分开来，这样容易过度劳累，同时也容易积攒人际交往方面的压力。

说起工作中的人际交往压力，以往多存在于与职场同事和客户之间。但开始居家办公后，压力则变成：

- 无法像以前一样通过同事间的吐槽来舒缓压力。
- 午饭只能独自地默默解决。
- 午休时间不能闲聊，也无法与同事打招呼。
- 不能像以前一样，与同事倾诉自己的烦恼与迷茫，这种负面情绪只能自己消化。

- 下班后不能和同事们一起通过吃饭、喝酒来缓解压力。
- 下班后不能去健身房，也不能参加任何有关兴趣、学习的聚会。
- 常常一整天都不开口说话。

在居家办公之前，大家每天早上一到办公室，会先跟同事们打个招呼再开始一天的工作，工作间隙也会和同事稍微闲聊一下，午休时间应该也是跟大家一边吃饭一边开心地聊天度过吧。

这种每天去公司会遇到与自己"共同战斗"的伙伴的日子已经变得习以为常。然而一旦居家办公，就意味着从早到晚只能"孤军奋战"，没有聊天的同伴，这对于一个长期生活在人际交往世界中的社交达人来说，无疑是难以忍受的。

但对于不擅社交、会因为处理人际关系而疲惫不堪的内向型来说，独自居家办公不仅不会令他们觉得痛苦，甚至还会让心情轻松下来。因为这样一来，他们就可以从人际交往的麻烦中解放出来。他们不再需要像身处职场时那样，为了回应同事的闲聊话题而费神，也不需要勉强自己参加不想去的聚会。

同时，他们还可以不用耗费多余的精力去维系与周围人的关系，能够腾出更多的时间专注于工作本身。

这样想来，这种既不用忍受上下班挤电车的辛苦，又能从棘手的人际关系中解放出来的居家办公模式，对性格内向的人来说，是再合适不过的了。

但是，人是群居动物，过于孤独也不利于精神健康。适当地敞开心扉，建立亲密的人际关系也十分有必要。而且，即便对于勉强自己努力表现得外向的"隐性内向"者来说，也不会满足于时刻都孤单一人吧。

光从这一点，也需要大家充分注意后疫情时代下的心理健康问题。如果是跟家人一起居住，那就要跟家人建立起坦诚相待的关系。如果是独居的话，可以私下约好友见面聊天，如果疫情期间很难做到这一点的话，也可以通过电话或社交软件保持联系。

第七章

摆脱那个被牵着鼻子走的自己

让你痛苦的那个习惯，恰恰是内向型人的优势

正如前文所述，性格内向的人常常会反省自己，一旦开始回顾之前的言行举止，就会苦恼：

"为什么我要说这种话？"

"为什么我就不能再机灵一点呢？"

"为什么我突然说不出话来？"

"我要是能像那个人一样举止自然就好了。"

"为什么我总是会在意那些无所谓的小事？"

"为什么我遇事总会立马开始紧张呢？"等。

越是反省自己、羡慕他人，就越是容易讨厌自己。

但是，会产生"为什么自己要说这种话，肯定是我惹他生气了"的后悔情绪，是因为内向的人往往非常在意他人的感受。也正是这份自责，促使他们改善自身行为，不去伤害对方。如果是那种和内向型人性格完全相反的人的话，不仅不会反省自己，或许还会在不知不觉间伤害他人。

这样说来，这个让你痛苦的习惯是不是反而成了一个优势呢？如果你能体会到这一点，你的心境就会完全不同。

而且，在第六章中我也介绍过，内向型性格的缺点背后隐藏着优点。比起一味地纠结自己的不足，倒不如多多关注背后的优势并发挥出来。

只要内向型的人能够认识到自己的强项，往后就不会轻易感到焦虑、一味否定自己。这样一来，他们就能在遇到事情时迎难而上、积极地度过每一天。

不擅于融入周遭环境，是因为保有本心

内向型的人缺乏良好的适应能力，因此他们不擅长与初次见面的人或是不太熟悉的人交谈，也因此常被人认为不能很好地适应社会。而且，不仅外界会存在这样的偏见，连内向的人自己都会有这种想法。

的确，适应能力强且能够迅速融入周围环境的外向型人无论和谁都能很快地成为朋友，哪怕周围全是陌生人，也能够迅速融入其中。

但是这种外向型的人容易出现一个问题——过度适应，也就是丧失自我。

如果一味地讨好迎合他人，忽略自己内心想法的话，久而久之便无法再听到内心的声音了，与"自我主张""自己想要

的人生"也将渐行渐远。

因此，有些外向型的人虽然能够迅速地跟周围的人打成一片，有着超强的适应能力，却很难让别人感受到他们的个性。

跟外向的人不同的是，内向型的人虽然很难融入周遭环境，遇事也不能灵活应对，却能坚持自我。特别是"隐性内向"者，他们即便勉强自己也要努力适应环境，这使得他们既能一定程度上坚持自己的个性，同时也不至于适应不了社会。

所以，当你在为自己难以融入周遭环境的性格苦恼时，不要过于焦虑，这是你没有放弃坚持自我的体现，因为保有本心，所以你才不愿意随波逐流，才想要按照自己的意愿走下去。

正因为难以适应环境，所以才能创造新的价值

良好的社会适应能力意味着容易融入社会的既有机制。而能够很好适应社会的人，基本上都掌握了社会既定的行为规则和思维模式。

一般来说，适应能力强就代表能够胜任被赋予的社会责任。但从某种意义上来说，能够胜任职责，也就是能够巧妙地捕捉到周围人的意图并采取相应行动的人，其实很容易被社会的条条框框所限制。

适应能力较弱的内向型人非常重视自己的内心世界，所以他们的受限程度较低。而这，也成了他们适应社会的一大阻碍。

因为无论发生任何事，他们都会提出质疑、遵从内心的判断。可社会是由人组成的，不随大流的话会很难融入其中。所以，对于一个团队来说，这种坚持自我的内向型人是很难管理的。

内向的人可能会因此被团队贴上一个"不配合"的标签，甚至他们还会自嘲是个不能适应社会的人。

但对于一个企业来说，如果员工都是一些像变色龙一样，根据周围的情况迅速改变自己"外在颜色"的外向型人的话，团队就会变得僵硬。因为在这个被物质与信息充盈的时代，人们已经不再满足于现有事物，没有附加价值的创意是无法从竞争的激流中脱颖而出的。比起一味附和他人的人，那些敢于追求新创意、勇于提出新想法、勤于创造新价值的人才是企业真正需要的人才。

这样说来，内向型人似乎比适应能力良好的外向型人更加适合这种创造性的工作。虽然他们会花费时间反复斟酌，但是他们能够始终坚持自己的兴趣与价值观，拥有自己专属的独特世界，所以他们更有创新力去"大展拳脚"。

现代社会的价值观已经从以前的"企业战士、打工人、整齐划一、大量生产",开始慢慢向"慢生活、舒适、好玩、丰富的业余生活、个性化、多品种少量化生产、真材实料"进行转换,这或许也意味着坚持自我的内向型时代的到来。

从这一点来说,内向的人完全不必为自己的性格而自卑,而是应该满怀自信地展示自己。

意识到强烈的焦虑感是你的力量

如果已经对焦虑的作用没什么印象了的话,那就请大家翻回第六章,重读一下"焦虑的作用"一节。

社会大众的普遍认知是,遇事需要淡定从容,容易焦虑是不好的事情。

但是,很多心理学的研究都证明,学习和工作能力强的人大多焦虑感强烈。

那么,为什么会产生这样的结果呢?这其实是因为焦虑感能够有效促进事情的推进。比如,容易焦虑的人,不管事前如何准备都无法减轻自己的焦虑,所以他们总会加倍努力地学习,这样一来,就能够在考试中取得好成绩。在工作中也是一样,他们害怕工作做得不好,就提前做好万全的准备,所以工作质量往往很高。

同时，心理学研究也证明，如果一味鼓吹积极乐观的好处，贬低焦虑不安的作用的话，会导致人们既有的工作表现能力下降，还有可能影响以后的学习和工作。可见，好的成绩背后往往有着焦虑情绪的支撑。

不仅如此，在与人交往时，容易焦虑的人也会因为想要给对方留下一个懂礼貌、不惹人讨厌的好印象而小心谨慎，所以他们很少会因为口舌遇到人际交往方面的纠纷。

可能很多人会劝告那些敏感的内向型人不要过于在意他人的看法，别让自己那么累。但是，在乎别人的感受是他们的天性，况且，这种性格其实也有很多好处。

所以，认识到焦虑的作用是十分有必要的。内向型人特有的焦虑情绪并不是一种缺陷，而是一种优势。

先缓解对方的社恐情绪

内向型人的一大性格特征，就是易产生社恐情绪。当他们与人交往时，往往会因为过于在意他人而精神紧绷。

如果对方不是自己特别熟悉的人，或是初次见面的话，还会担心：

"对方是个怎样的人呢？"

"我能跟他顺利交谈下去吗？"

"我能给对方留下一个好印象吗？"

"他没有觉得跟我在一起很无聊吧。"

"他对什么感兴趣呢？"

"要是他觉得我的话索然无味就糟了。"等。

面都还没见呢，他们就已经觉得筋疲力尽了。

但是，日本人与其说敬畏神明，倒不如说是用人群与社会的评价来约束自己。换句话说，他们不希望自己被看不起，因此大多数日本人都或多或少地具有社恐倾向。

我平时接触学生较多。他们中大部分的人也都觉得自己有社交恐惧症。所以，一旦我在课堂上讲授"社交恐惧"的相关知识时，他们就会表现出比对其他知识更强烈的兴趣，因为他们觉得这是一个了解自己的过程。

这也让我明白了，当你身处社交场合觉得恐惧时，对方或许也和你一样正感到焦虑不安。当你一味地关注自己的情绪时，有没有想过，对方也许和你有相同的心境呢？

所以，当你下次再遇到这种情景时，不要只关注自己，试着先考虑一下对方的心情，帮助他缓解社交恐惧。

如果对方能够认真地听你讲话，能够对你的言语产生共鸣的话，你的恐惧感就能得到缓解，心情也能够渐渐平稳下来。而这一点，对方也肯定会有同样的感受。

所以重要的是，当对方跟你聊天时，保持关注、认真聆听。如果你曾经有过和他类似的经历，也可以将你的经验告诉他，这样就能有效缓解你们之间的尴尬气氛。

当你多尝试几次就会发现，你已经不会对社交场合产生畏难情绪，能够落落大方地与人交往了。

你不必勉强自己成为一个社交达人

正如"众"是由多个"人"组成的一样，人类是群居动物，需要生活在人群之间。只要我们生活在人世间，就需要与人打交道。而增加与他人的交集会让我们的人生经历更加丰富。

但这并不是说认识人的数量越多就越好。重要的不是朋友的数量多少而是质量好坏。

假如你十分羡慕一个擅于交际的人，你羡慕的不应该是他交际范围的广度，而是他有多少能够交心的朋友。但事实上，大多数人所谓的"朋友"都只停留在一起吃喝玩乐等表面上。

有些拥有丰富的社交网、看上去光鲜亮丽的社交达人，哪怕他们交换过的名片数量和参加过的公司内外聚会不计其数，他们所关心的也并不是一个人内心的品格，而是对方的职业是否对自己的工作有利、能力是否能为自己所用。

也就是说，他们追求的是通过社交建立起一个强大的关系网络，而不是一段亲密的人际关系。因为忙于维持这庞大的社交网，所以他们根本没有时间去跟每一个人慢慢培养感情。

内向型的人在人际交往方面会被这种外向型人的气势所压制，对他们的社交能力望洋兴叹。不可否认的是，我们的确能够通过适度的社交来拓宽自己的视野。但如果你根本不擅社交的话，也不要勉强自己，你可以将自己仅有的三两好友发展成为无话不谈的知己。

有些社交能力稍弱的人会感叹自己笨嘴拙舌，觉得自己没用。

但是，很少有人会因为谁不善言谈、缺乏幽默细胞，就鄙视他或者把他当成傻瓜。如果真的有这样的人，那你完全没有必要搭理，甚至还应该为提前发现他的本质而庆幸。

如果能够适度地进行社交自然是再好不过，但要是你无论如何都没办法跨出这一步，那也没关系，你没有必要勉强自己一定要成为一个社交达人。

因为社会上的很多人际交往其实都是无用社交。当然，随着人际交往范围的扩大，收获对双方都有意义的人际关系是很有可能的。但大多时候，大家都只是在通过吃喝玩乐的形式消磨时间，即使当下觉得很开心，结束后也不会觉得充实，反而会更加空虚。

有些人可能会说，社交对建立人脉关系来说是不可或缺的。但仅仅只是跟你闲聊过几句的人，真的会在关键时刻伸出援手吗？其实，你所建立的大部分所谓的"人脉"都是毫无意义的。

而且，被利益捆绑，仅仅将人与人之间的交往当作建立人脉的手段，你不觉得这非常空虚吗？

因此，不擅社交的内向型人，不需要将时间浪费在这些无用社交上。

因为比起流于表面的社交，真正的用心交往才能建立起一段亲密的友情。 才是一段敞开心扉，以善意和信赖结成的关系。

在前文中我也曾指出，社交达人们并没有你想象中那么光鲜亮丽，他们其实很孤独。在一起吵吵闹闹、开心嬉笑确实能够缓解一些心中的苦闷，但这种只在一起玩乐的朋友不管有多少，都不及一个能够交心的朋友，因为你无法在烦恼或是迷茫时对其敞开心扉。不得不说，这才是最深层次的孤独。

因此，你并不需要朝着成为社交达人的方向去努力，也没有必要追求过多的人际关系。最重要的是，至少交到一个可以分享自己所有情绪的好友。

而这一点，对于执着于真正的友谊的内向型人来说，反而是更加有利的。

交一个可以对其敞开心扉的伙伴

我曾经一直将自我表露①作为一个专业领域进行研究，在我写论文的时候，其他的心理学专家们都说"自我表露"的定义难以界定，劝我不要研究这种模棱两可的概念。

但最近这个概念却在商业杂志中频频出现。我想，自我表露这个词汇之所以得到了如此广泛的应用，或许是因为当今社会很少有场合可以让我们敞开心扉表现自己。

我研究生期间的专业是临床心理学，当时的学术界有一个论调，那就是：心理咨询在孤独盛行的美国或许还有发展的天地，在日本是不太适用的。但到了今天，心理咨询行业却在日本流行开来。

---

① 自我表露最早是由美国人本主义心理学家西尼·朱拉德（Sidney Jourard）在1958年提出的，它是指个体与他人交往时自愿地在他人面前真实地展示自己的行为、倾诉自己的思想。——译者注

这是不是说明日本也变成了一个孤独的社会呢？因为除心理咨询师以外，大家没有一个可以自我表露的对象，这种变化多少让人觉得有些唏嘘。

自我表露的提出者西尼·朱拉德也曾指出，哪怕拥有一个能够进行自我表露的对象，也能够极大地帮助自己保持心理健康。

这个概念被提出之后，心理学领域便涌现出一大批相关研究，这些研究也证实了自我表露有助于增进身心健康。

但是在现实生活中，哪怕是一个能言善辩、经常处于话题的中心、能够逗大家开心的人，也很难在众人面前展露自己的内心、让大家了解真实的自己。

而且，社交达人们虽然十分风趣幽默，却很难给人一种可以交心的感觉。这种人虽然常常被众人包围、过着热闹非凡的生活，实际上，内心是十分孤独的。

因此，不去强求社交圈的规模，用心建立起能够相互自我表露的亲密关系就显得尤为重要。如果我们设定这样一个目标的话，那内向型的人也能够轻松达到了。

当你的生活中存在一个能够无所顾忌地交流、在烦恼和迷茫的时候坦诚相对，在倾诉的时候愿意侧耳聆听的朋友，那不仅能帮助你保持心理健康，还能在你前进的道路上助你一臂之力。

要想得到这样的朋友，首先就要学会倾听。

而且，自我表露是需要勇气的。不是每个人都能对他人的反应毫不在意，他们会担心：

"他们会对我说的话产生共鸣吗？"

"他们不会觉得我考虑这些东西很奇怪吧。"

"要是因为我说话太直白吓到他，那我可太伤心了。"

这样一想，很多人就不敢说出自己的真心话了。

但实际上，如果你不这样畏首畏尾，大胆地自我表露的话，反而容易取得对方的信赖和好感并对你的话产生共鸣，这样一来，他们也会想要在你面前自我表露。

万一对方给予你否定的回应，那你也会知道，自己今后跟他的关系不会更进一步。

这样说来，只要你下定决心，主动地自我表露，就完全有可能收获一段交心的关系，同时也能够筛选与自己三观不同的人。综上所述，还是希望大家能够鼓起勇气，大胆地自我表露。

了解外向者的特征，才能避免烦躁

内向型与外向型的敏感程度和与人打交道的方式是完全不一样的，当这两种性格的人在一起时，容易发生一些矛盾。比如：

"你为什么要这样！"

"你真是莫名其妙！"

具体来说，内向型人会对外向型人说话容易口无遮拦的性格感到窝火。因为内向的人总会过于在意旁人感受，甚至会因此身心俱疲。而外向的人却从来不会照顾别人心情，说话直来直去。所以，内向的人会想：

"他的神经也太大条了些。"

"他说话过于口无遮拦了！"

内向的人还会反感那些没有主见、不仔细思考就轻易接受、只会察言观色、讨好迎合他人的外向型人。他们觉得外向的人"一味附和他人""过于轻浮"。

内向的人在内心中有自己的一套行为准则,努力靠近理想的自我形象。而外向型的人则会轻易地接受眼前的现实,不被理想中的自我形象所束缚,能够迅速地适应社会。对此,内向的人会说:

"他们生活得太轻松了。"

"他们太迎合别人了。"

内向型和外向型的人都会因为对方与自己性格的不同,而莫名地感到烦躁。但是,如果他们双方知道性格的差异是源自遗传基因的话,就能理解:

"性格不同,是因为心理活动的规律不同,这是没有办法的事情。"

这样的话,相信他们就能接受这种差异,也不会误解对方了。

所以,当下次再遇到前文中提到的各种不同,也就是性格上的差异问题时,如果他们双方能以遗传基因的差异为前提来思考的话,就能够对对方做出的一些无法理解的举动保持宽容了。

挖掘内向优势：安静的闪光点

💬 让他们了解到真实的自己

内向型的人总是喜欢拿自己所谓的弱点与性格外向的人进行比较，一比较就容易丧失自信并陷入自我厌恶的消极情绪之中。但是，会进行自我反省、自我批判也是内向型人的性格特征，在前文中我也介绍了自我反省的习惯其实是有很多好处的。

接下来，让我们进行一个复盘。

首先，内向型的人之所以不擅长迎合周围，难以迅速融入身边的环境，不能顺利地适应公司文化等，是因为他们坚持自我，不愿随波逐流。

其次，内向型的人虽然生性容易焦虑，却也得益于这份强烈的焦虑感，让他们能够在工作和学习中做足准备，取得好的成绩，同时也让他们时刻注意自己平日里的言行举止，不去做伤害他人的事，这样一来，他们也很少遇到人际关系方面的纠纷。

再次，笨嘴拙舌、跟不熟悉的人说话时会十分紧张的内向型人，虽然难以成为一个能言善辩的社交达人，却能够和三两好友建立起深厚的友谊，获得无话不谈的知己。

总是一味关注自己的缺点而郁郁寡欢的内向型人，一定要意识到，你们所谓的"性格弱点"背后其实隐藏着很多优点。你完全没有必要因为自己不如别人外向而自卑，拥有这么多的优点，是一件多么值得庆幸的事！

因此，不需要勉强自己做出改变，也没必要假装让自己看上去比实际更好，学会接受并展示真实的自己。像这样转变一下观念，你在人际交往中应该就能放松很多。

摸索与团队的独立关系

内向型的人很清楚自己的性格，知道自己无法快速融入某个团队。

的确，难以迅速、顺利地融入周遭环境的内向型人，在适应集体时会遇到很多困难。但是，没必要因此就认为"自己落后了"或者"自己是一个没用的人"。

如果你真的觉得自己是那种无法融入集体的类型，那也可以与集体保持一定的距离，摸索与之最合适的相处模式。

但是，一旦你决定要和集体保持距离，就必须要学会如何独立。

因为一个集体，比如公司，会为我们的劳动支付薪水，保证我们稳定的生活。不仅如此，还会无形中赋予我们一种使命感。知道自己每天有要去的地方，有应该完成的任务，其实能让我们的精神得到极大程度的安定。

正因为集体赋予的意义，才让我们能够忍受每天拥挤的交通、偶尔的加班以及被压缩的私人空间等。同样的，工作内容也会受到集体需求的制约，不能自己想干什么就干什么。

如果你忍受不了这些，那就只能选择离开这个集体。在你做了这个决定的同时，也要做好舍弃稳定的收入与固定工作场所的心理准备。这样一来，公司给你带来的那份内心的安稳就将不复存在了。

在理解了这些利害关系的基础上，摸索出一套与集体打交道的方法就显得十分有必要了。

要做到这一点，首先需要我们转变一下思维方式。某种意义上来说，我们可以简单明了地将其理解成为一种"给予与接受"的关系。比如，把你的本职工作理解成一桩买卖，公司买下了你白天的时间，因此，即便是你不喜欢的工作，也必须要做。而你也能通过这笔买卖，获得生活与心灵上的稳定。而晚上和休息日则是完全属于你自己的，你可以尽情投入到你喜欢的工作或者爱好上。如果能以这样一种心态与公司打交道的话，可以说是两全其美。

但是，既想保证一定程度上的收入，又想获得充足的自由时间，是非常奢侈的。

一般来说，人们真正想做的事情都是很难赚到钱的。也许大家的内心深处都隐藏着自己最初的梦想,只是后来为了生存、为了生活不得不放弃。既然如此,就不要将它作为你的主业,当个兴趣爱好来调剂生活也未尝不可。

也就是说,如果你能够放下对升职加薪的执念,把工作当成一桩简单的买卖来看待的话,那即便是不擅长拓宽自己工作上的社交圈、不愿意讨好上司的内向型人,也能够在公司中生存下去。

性格内向的人或许也会羡慕那些能够跟上司与前辈和谐相处的人,但是在意升职、左右逢源的人,往往需要时刻听候公司的差遣,事事以工作为重,这种人是没有什么私人时间可言的。而且,如果只是因为和领导关系好而被提拔,没有一技之长、真才实学,那么只要公司因为领导层更替、组织结构换代而发生人事上的变动,他们就可能随时被替换掉。

要是你以为在公司里出人头地,就能做自己想做的事的话,那就大错特错了。你只会越来越被企业规则所束缚,疲于应付公司中出现的各种问题。对于不太关心组织、员工运作的内向型人来说,这种拘束的生活方式毫无魅力可言。如果真的让他们身居高位,可能他们还会觉得十分空虚。

与此相对,那些不管上司如何评价,只是一心完成工作任务、自发地钻研专业知识、磨炼专业技术的人,才能够切实地提高自己的能力。

随着社会的发展，企业越来越强调个人能力。若干年后，那些只会搞好人际关系、熟知公司领导与同事喜好的"政治达人"或攀缘附会的"社交达人"，也许会失去他们的容身之所。但这对于不擅长讨好迎合他人的内向型人来说，反而是一个有利的变化趋势。

拥有回归本真的时间和空间

在前文中，我花了很大的篇幅来说明内向型的人应该如何消除或减轻他们在人际交往方面的烦恼。但这些应对措施对"隐性内向"者来说，或许不是最合适的方式。因为他们经常会在日常生活中觉得心力交瘁，而这种情绪的产生，不仅仅来自外界，更多的源于他们自身。他们虽然本性内向，却早早地感应到这个社会更适合性格外向的人生存，因此在成长过程中练就了一身"表现外向"的功夫。

这样的生活方式，无疑是在挑战自己的天性。在这个过程中他们容易勉强、委屈自己，也会积攒很大的压力。

这时，如果想要缓解自己的压力的话，就需要留出一个可以让自己回归最真实的自我的时间和空间。在这个时空当中，你可以不用在意任何人。

因为不断地与人接触，会让性格内向的人感到疲惫，所以你可以给自己创造一个独处的空间。

比如，要是你觉得每天中午都和同事、朋友待在一起会累的话，那就偶尔一个人出去吃吃饭、散散心。当你身边出现一些完全没必要接触的人，那就不要拘谨，放松心情，就当只有自己一个人在场，做你自己想做的事就好。

还有就是，下班回家后给自己留一段不用在意任何人的时间。

在这段时间里，你可以尽情沉浸在自己的兴趣爱好之中。比如读书、绘画、音乐、收集邮票和古老的地图、陶艺、摄影、爬山等，你可以培养一些能让你身心愉快的爱好。

如果你实在没有什么兴趣爱好的话，那就从现在开始，尝试着寻找一些稍微能吸引你注意的东西。不要考虑这个爱好能不能长久持续、能不能有所成就、能不能带来好处等。如果有一天你厌倦了，那就再尝试其他的就行了。

放下这些功利心，单纯地去享受，你就能在这个过程中体会到兴奋与忘我。在这个时空当中，你完全是放松的，这种状态自然有助于你消除平日里积攒的压力。

休息日也不要闷在家里，多出去走走。

当然，你也可以和好友、配偶待在一起，因为跟这些你可以无所顾忌、尽情表露自我的人在一起，不仅不会让你感受到压力，还能够帮助你排解其他压力。这样一来，自然也就不需要你特意再去创造一个可以做真实的自己的时空了。

结束语

怎么样？通过本书的介绍，内向的你是不是对自己平时为何会感到疲惫、为什么会如此焦虑有了更深层次的了解？那些因为一点小事就心力交瘁的人，想必也明白了这种心境产生的具体原因。

正如我在序言中指出的那样，内向型的人从小就容易感受到生活带来的艰辛。因为外向型的孩子，不管跟谁都能轻松交谈、能够很快交到朋友，也很容易得到老师的宠爱。相较之下，内向型的孩子不敢主动跟人打招呼，在朋友面前也总是小心翼翼的，与老师也很难亲密起来。这时，能力强、动力足的内向型孩子，就会努力改变自己，会像外向型的孩子一样积极地与他人交往。

当他们不知不觉间养成了外向型人格的行为习惯后，就会忘记自己生性内向的事实。这种类型的人，我将其称为"隐性内向"者。

"隐性内向"的人或许不曾意识到，在表现得性格外向的过程中其实是在勉强自己，因此会承受巨大的心理压力，所以当他们莫名地感到疲惫时，会不知所以，会很烦闷。

因此，本书通过各种事例，为这些"隐性内向"者们解释说明了他们觉得疲惫的原因、这种性格产生的心理机制以及减轻或消除这种疲惫的措施。

虽然本书具体介绍的常见烦恼及其应对措施是针对内向型人群的，但这些方法也同样适用于"隐性内向"者。

生活在这个性格外向的人容易获利的时代，我们往往会忽视内向型人格的价值，但内向的性格其实也有很多优势。对此，我已经用了很大的篇幅进行了具体介绍，相信大家已经有所了解。接下来，请性格内向的人一定要意识到并活用自己的优势。也希望大家在知道了自己以为的"性格缺陷"原来隐藏着那么多优点之后，能够在生活中保持积极的态度，勇往直前。

最后，我要衷心地感谢总部的长泽香绘女士，当我提出当今社会具有"隐性内向"性格的人很多，想要出一期专题进行介绍时，是她给予了我巨大的支持。我也殷切地希望这本书能够给"隐性内向"者们带去帮助和慰藉。